Z会中学受験シリーズ

入試に出る
地球・宇宙図鑑

暗記はこれだけ！

Z-KAI

■■ Z会中学受験シリーズ　入試に出る地球・宇宙図鑑　もくじ ■■

・この本の使い方 ……………………………………………… 4 ページ

天体 …………………………………………………… 6 ページ

- **地球・太陽・月**（地球・自転・公転・太陽・月・日食・月食）
- **太陽系**（惑星・衛星・彗星・太陽系・水星・火星・金星・木星・土星）
- **星・星座**（恒星・おおぐま座・こぐま座・北極星・カシオペヤ座・はくちょう座・こと座・わし座・さそり座・夏の大三角・オリオン座・おおいぬ座・こいぬ座・ふたご座・おうし座・冬の大三角・星座早見）

天体分野のまとめ ……………………………………… 38 ページ
星の動き／季節の星座／惑星の並び方／世界各地での天体の見え方

地質 …………………………………………………… 48 ページ

- **流れる水のはたらき**（流水のはたらき・川・V字谷・扇状地・三角州・三日月湖・洪水・河岸段丘）
- **地層**（地層・ボーリング・整合・不整合・しゅう曲・断層）
- **岩石**（たい積岩・れき岩・砂岩・でい岩・ぎょう灰岩・石灰岩）
- **化石**（化石・示相化石・示準化石）
- **火山のはたらき**（火山・火成岩）
- **地震**（地震・地震波・津波・液状化現象）

地質分野のまとめ ……………………………………… 74 ページ
地層の読み取り方／柱状図の見方

気象 ……………………………………………………………… 76ページ
- ●気象観測（気温・地温・湿度・百葉箱・雨量・アメダス・気象衛星）
- ●天気（気圧・風・海陸風・季節風・天気・雲・天気予報・気団・前線・天気図・台風・フェーン現象・エルニーニョ現象）

気象分野のまとめ ……………………………………………… 95ページ
観天望気（天気の言い習わし）／水の循環／飽和水蒸気量／季節と天気

- ・さくいん ……………………………………………………… 100ページ
 ※6ページから99ページに出てくる項目を50音順に並べています。重点的に説明したページは赤字で示しています。

この本の使い方

わたしは、地学はかせの「ぜっと かいえもん」なのだ。
これからこの本の使い方を説明するから、よく読んで
しっかり活用するのだぞ。
入試の日まで、わたしといっしょにがんばるのだ！

● 各項目のページ

この本では、難関国私立中学校の入試問題を分析し、よく出題される項目を取り上げて紹介しているのだ。地学分野のカリキュラム学習や模試などで出てきた項目のページを開いて学習するのがおすすめなのだ。勉強と勉強の間のすき間時間に少しずつ学習しておくのもよいのである。

この星は、数が多いほど入試問題によく出題されることを表しています。

【星の見方】
★★★
…とてもよく出題される。
★★☆
…よく出題される。
★☆☆
…出題されることがある。

重要な言葉は、赤字で書いてあります。入試直前は、赤字中心に読みましょう。

地層 ★★★

川の流れなどによって運ばれてきた土砂が、海底にたい積し、それが積み重なって固まったものを地層といいます。火山のふん火によって、火山灰が海底や陸上にたい積することでできる地層もあります。

地層は、土砂が上に積み重なってできるので、ふつうは上にある層ほど新しいといえます。

流水のはたらきによってできる層

川の流れで運ばれてくるのは、おもに小石（れき）、砂、ねん土（どろ）などです。これらのつぶは、流れで運ばれてくる間に角が取れ、丸まっています。また、これらのつぶは、大きさによって水中をしずむ速さが異なります。

	つぶの大きさ（直径）	しずむ速さ	底にしずむまでに運ばれる距離
小石（れき）	大きい(2mm以上)	速い	短い（河口に近い）
砂	中間(0.06〜2mm)		
ねん土	小さい	おそい	長い（河口から遠い）

※直径が0.06mm以下のものをどろ（泥）といい、どろの中でもつぶの大きなものをシルト、小さなものをねん土という。

土砂が河口から流れこむとき、つぶが大きく重いものほど河口の近くにたい積し、つぶが小さく軽いものほど河口からはなれたところにたい積します。このように、しずむ速さがちがうために、河口に近い順に小石→砂→ねん土とふり分けられてたい積します。

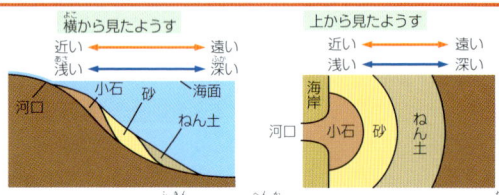

長い年月の間には、河口付近の土地が変化することもあります。海面に対して土地が高くなることを隆起、土地が低くなることを沈降といいます。

56

この本の使い方

● まとめのページ

「天体分野のまとめ」「地質分野のまとめ」「気象分野のまとめ」では，それぞれの分野全体で重要なポイントをまとめているのだ。模試や入試の直前に見直して，点数アップなのだ！

また，各項目のページでわからない用語が出てきたら，この「まとめ」のページで学習すると，ばっちり身につくのである。

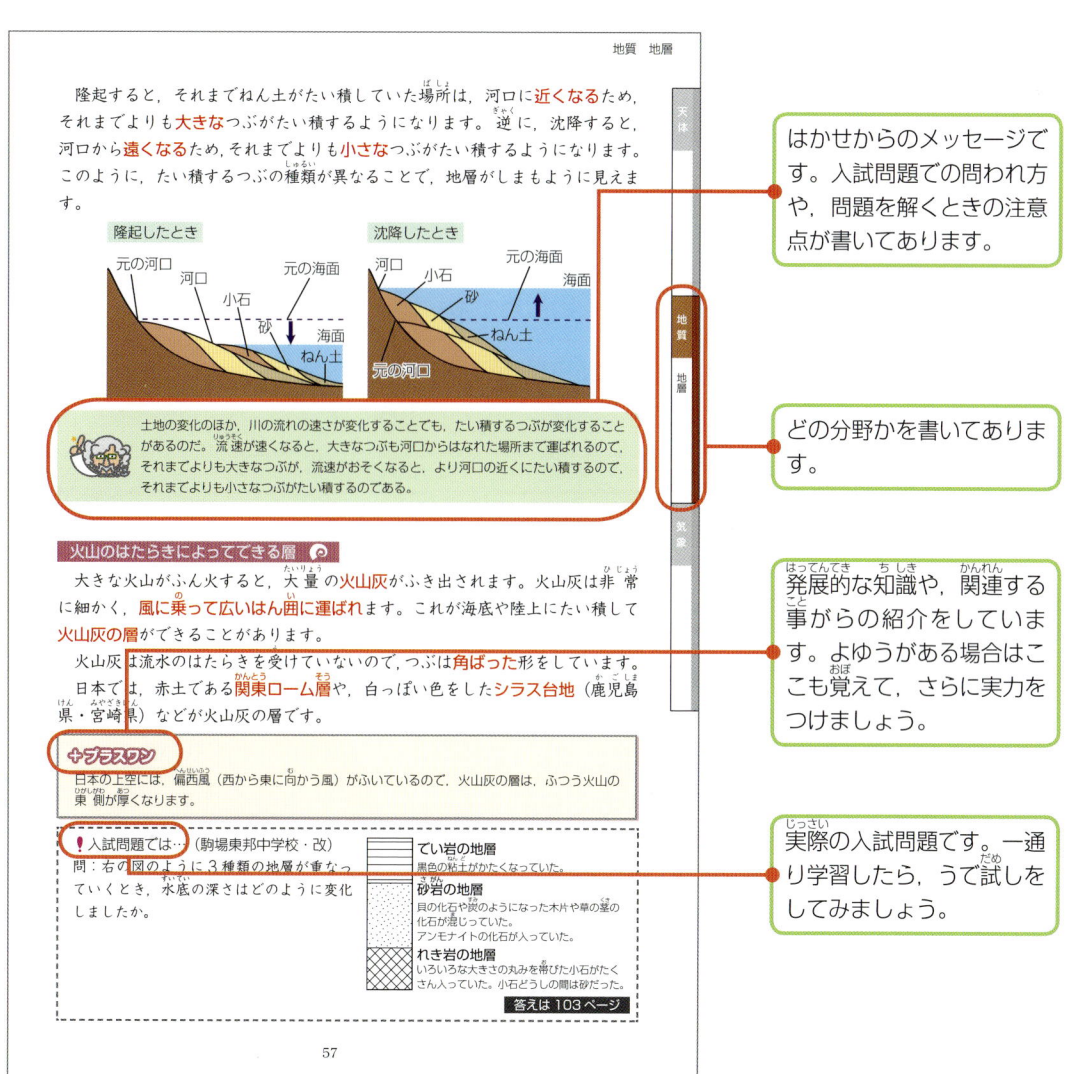

地球

地球は，太陽系の惑星です。太陽から3番目に近いところを回っており，太陽までの距離は約1億5000万kmです。ほぼ球形をしています。
【直径】約1万3000km
【自転周期】1日
【公転周期】1年
【衛星】1つ（月）

地球が球である証こ

地球が球形であることで，次のような現象が起こります。
・船など遠くから近づいてくるものは，マストなど高い位置にあるものから見え始める。
・高い所から見わたすと，低い所から見わたすよりも遠くまで見ることができる。
・場所によって北極星の見える高度が変わる。
・月食のときに，月に映る地球のかげが丸い。

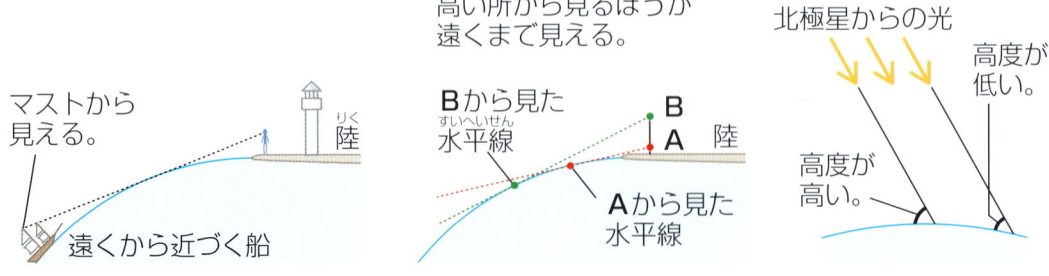

地球の内部

地球の表面は**地殻**というかたい岩石の層になっています。地殻の厚さは，海底の部分では5～10km，陸地の部分では30～60kmほどしかありません。地殻の下は，**マントル**とよばれる岩石です。マントルは非常に高温なので，**液体に似た性質**をもっています。地球の中心部分には，鉄などの金属からなる核があり，外側の外核は液体，内側の内核は固体です。

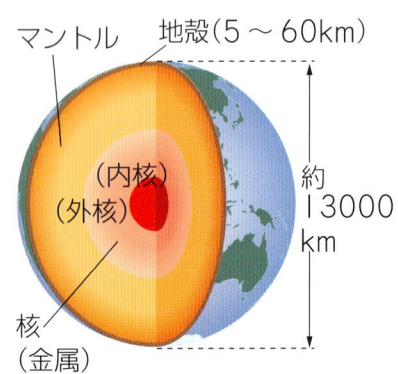

＋プラスワン

マントルの上部はかたい層で，その上の地殻と合わせて1枚の岩のように考えることができます。これを「プレート」といい，地球表面はすべてプレートでおおわれています。
地球をおおうプレートは大きく10枚くらいに分かれており，それぞれ別の向きに少しずつ動いています。
日本付近では4枚のプレートが複雑にぶつかり合って大きな力がはたらいているため，大地の変化が大きく，火山活動や地震が多くなっています。

日本付近のプレート

経度と緯度

地球上の地点の位置は，経度と緯度で表すことができます。経度を表す線を**経線**，緯度を表す線を**緯線**といいます。

・経度：ロンドンの**グリニッジ天文台跡**を通る経線（経度0°）からの角度です。北極の真上から見て，左回りの方向にあるときを東経□°，右回りの方向にあるときを西経□°といいます。東経180°と西経180°は重なっています。

・緯度：**赤道**と重なる緯線（緯度0°）からの角度です。緯度0°より北にあるときを北緯□°，南にあるときを南緯□°といいます。北極は北緯90°，南極は南緯90°となります。

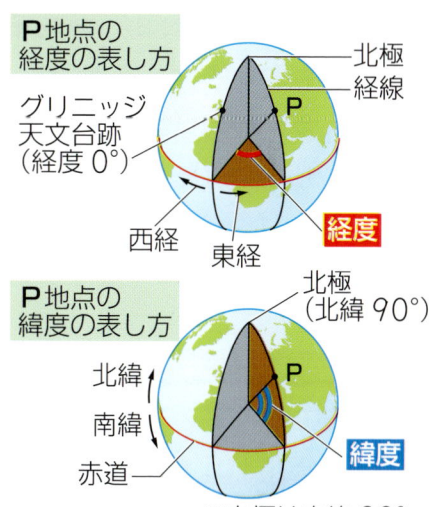

＋プラスワン

経度180°（＝東経180°＝西経180°）の経線にほぼ沿って，日付変更線が定められています。日付変更線を西から東（東経側から西経側）へこえるときは日付を1日おくらせ，東から西（西経側から東経側）へこえるときには1日進ませます。

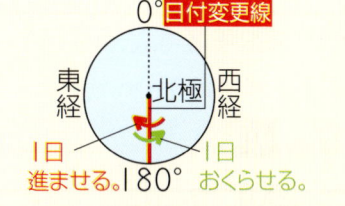

＋プラスワン

同じ経度上にあるはなれた2点について，緯度の差から距離を計算することができます。
例えば，北緯35°，東経136°の位置にある京都市と，北緯20°，東経136°の位置にある沖ノ鳥島までの距離を知りたいとします。地球が完全な球で，地球1周の長さが40800kmとわかっているとすると，
40800×（35－20）÷360＝1700（km）
と求めることができます。

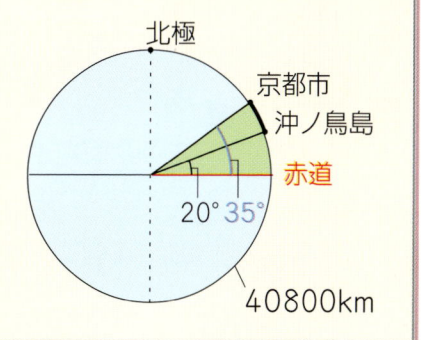

自転

　自転とは，天体がある軸を中心に回転することや，回転している状態のことです。太陽や，太陽系の惑星，月など，ほとんどの天体は自転しています。自転の中心となる軸のことを**自転軸**といい，1回転（360°回転）するのにかかる時間を**自転周期**といいます。

地球の自転

　地球も自転しており，自転周期は1日です。自転の向きは，宇宙から北極を見たときに**反時計回り**で，**西から東**に回っています。地球の自転軸のことを**地軸**といいます。地軸は，公転面に垂直な線に対して**23.4°**かたむいています。

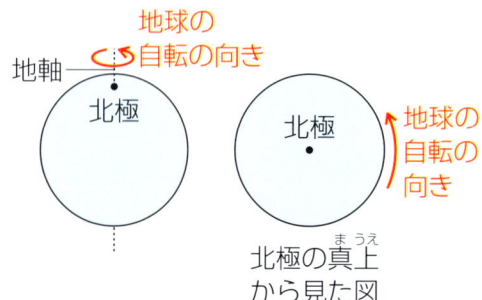

地球の時刻

　地球が自転していることで，昼と夜ができます。太陽光が当たっている間が昼で，特に太陽が真南にくるときが**正午**です。
　世界の時刻は，**イギリスのロンドン**を通る**経度0°**の経線上で太陽が真南にくるときを正午とし，これを**標準時**として東へ15°進むと**1時間進み**，西へ15°進むと**1時間おくれ**ます。
　日本の時刻は，**兵庫県明石市**を通る**東経135°**の経線上で太陽が真南にくるときを正午としています。この基準となる経線を**標準時子午線**といい，時刻を日本標準時といいます。

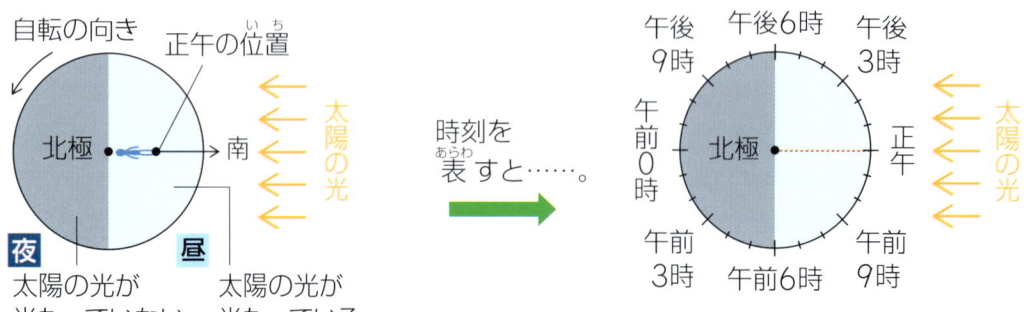

公転 ★☆☆

　天体がほかの天体のまわりを回ることを公転といいます。ある天体のまわりを1回転するのにかかる時間を**公転周期**といい、公転する通り道がある面を**公転面**といいます。

地球の公転

　地球は、地軸が公転面に垂直な線に対して、23.4°かたむいた状態で太陽のまわりを公転しています。公転周期は1年です。公転の向きは、北極側から見ると**反時計回り**となっており、自転の向きと同じです。

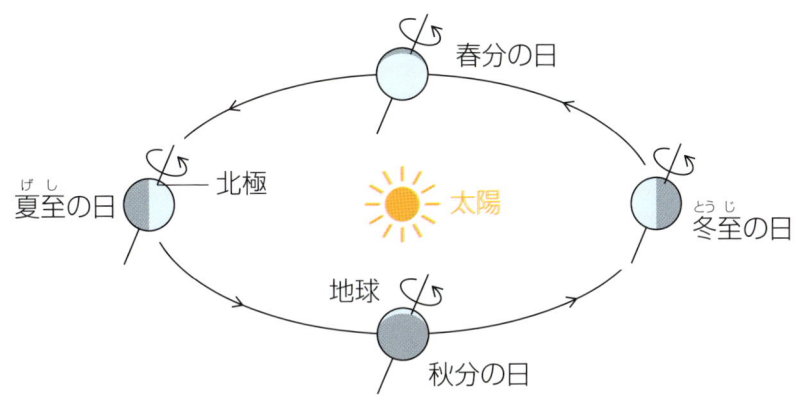

 上のような図で、太陽と地球の位置関係から「春分の日」「夏至の日」「秋分の日」「冬至の日」の地球の位置を問われることがあるのだ。北極側が太陽にいちばん近いときが「夏至の日」、遠いときが「冬至の日」となるのである。自転や公転の向きもしっかり覚えておくのだぞ。

太陽

太陽は、太陽系の中心にある恒星です。ほぼ完全な球形で、**水素**や**ヘリウム**といった高温のガスでできています。直径は**約140万km**（地球の約109倍）で、地球から**約1億5000万km**はなれています。

表面温度は**約6000℃**です。**黒点**とよばれる黒い点が観察されることがあり、黒点の温度は約4000℃～4500℃です。

太陽の光は非常に強いため、観察するときは必ず**しゃ光板**を使います。

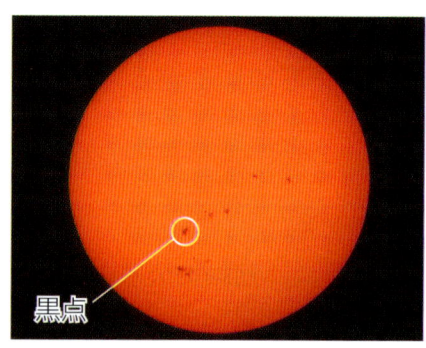

太陽の日周運動

地球が**自転**していることによって、太陽は1日かけて地球のまわりを1周しているように見えます。この動きを太陽の日周運動といいます。

日本では、太陽は**東**からのぼって、**南**の空を通り、**西**にしずみます。太陽が真南にくることを太陽の**南中**といい、南中する時刻のことを太陽の**南中時刻**といいます。

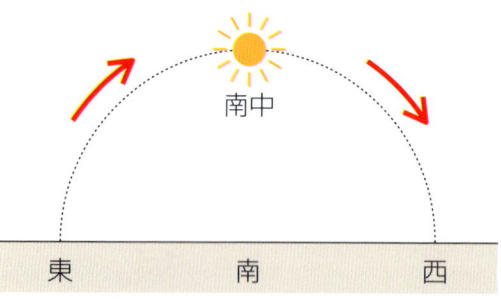

太陽の南中時刻 ＝（日の出の時刻＋日の入りの時刻）÷ 2　　※時刻は24時制

太陽の南中時刻は**東**の地点ほど早くなり、経度が1°東へずれると、**4分**早くなります。

地面に棒を垂直に立て、そのかげを観察すると、かげは**西から東**へ動きます。また、太陽の高さが高いほどかげの長さは**短く**なります。

地面に立てた棒のかげの先たんが動いたあとを**日かげ曲線**といいます。

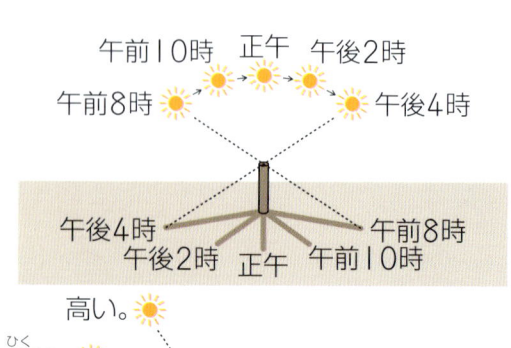

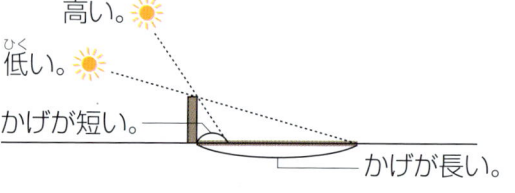

太陽高度

太陽の光と地面との間にできる角度で太陽の高さを表したものを**太陽高度**といいます。また、太陽が南中したときの太陽高度のことを**南中高度**といいます。

日本での南中高度は、緯度の低い地点ほど**高く**なります。

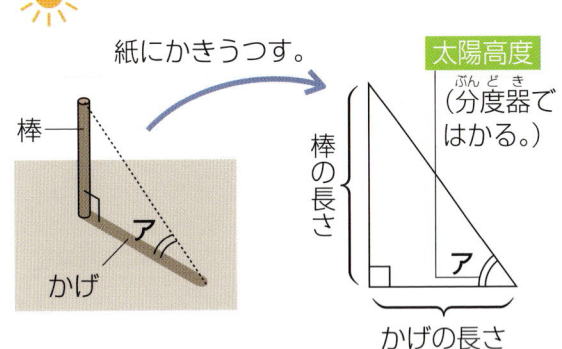

季節の変化

地球が地軸をかたむけながら公転しているため、さまざまな季節の変化が起こります。

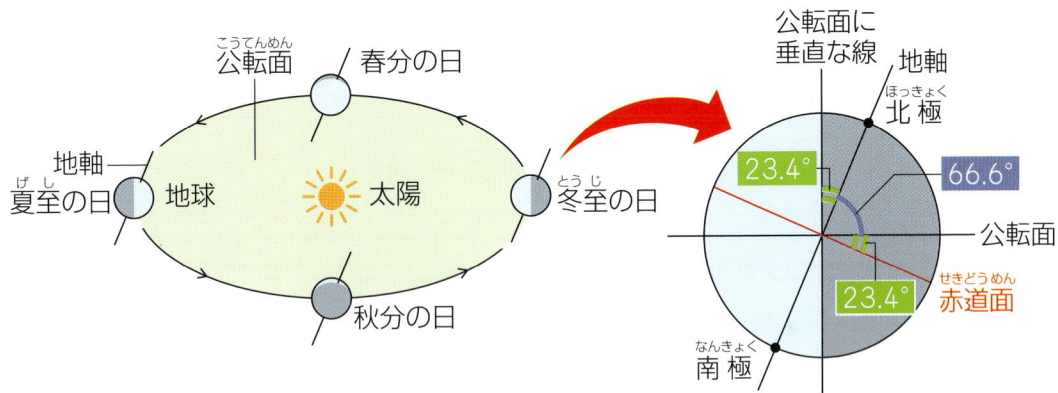

【南中高度】

太陽の南中高度は変化します。日本での南中高度は、冬至の日に**最も低く**、夏至の日に**最も高く**なります。

- 春分の日、秋分の日
  南中高度＝90°－観測地点の緯度
- 夏至の日
  南中高度＝90°－観測地点の緯度
  　　　　　＋23.4°（地軸のかたむき）
- 冬至の日
  南中高度＝90°－観測地点の緯度
  　　　　　－23.4°（地軸のかたむき）

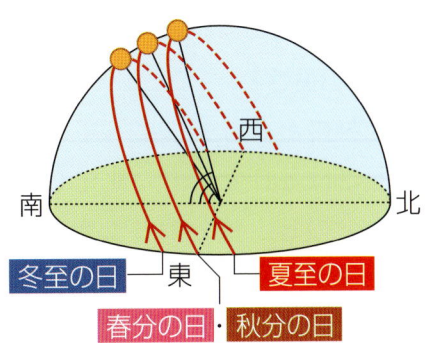

【日の出・日の入りの方位】

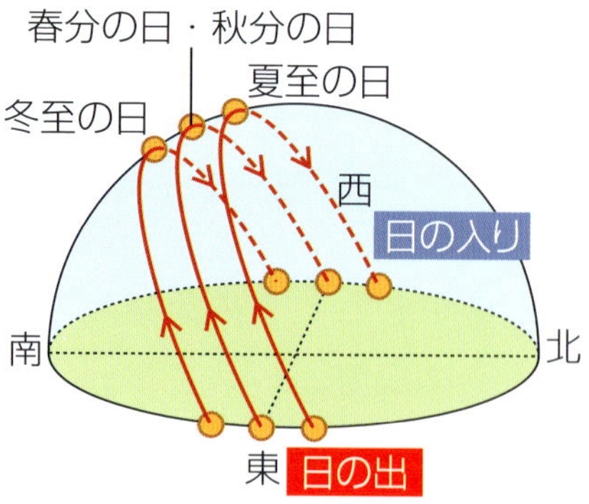

太陽の上のはしが地平線から見え始めたときを日の出，太陽が完全に地平線の下にかくれたときを日の入りといいます。

- 春分の日，秋分の日：太陽は<u>真東</u>からのぼり，<u>真西</u>にしずみます。
- 夏至の日：日の出，日の入りの位置が，最も<u>北寄り</u>になります。夏至の日以降は，日の出，日の入りの位置は，<u>南</u>に向かって少しずつ移動します。
- 冬至の日：日の出，日の入りの位置が，最も<u>南寄り</u>になります。冬至の日以降は，日の出，日の入りの位置は，<u>北</u>に向かって少しずつ移動します。

【日かげ曲線】

日の出，日の入りの方位や太陽高度が変化するため，日かげ曲線も季節によってかわります。

- 春分の日，秋分の日：棒の<u>北側</u>で，<u>一直線</u>になります。
- 夏至の日：<u>真西より南寄り</u>の所からでき始め，棒の北側のすぐ近くを通り，<u>真東より南寄り</u>の所までできます。
- 冬至の日：<u>真西よりかなり北寄り</u>の所からでき始め，<u>真東よりかなり北寄り</u>の所までできます。

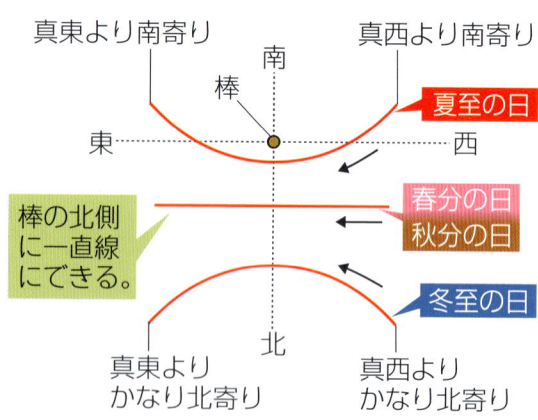

【昼夜の長さ】

地軸のかたむきによって，太陽の光が当たる所が少しずつ変化し，日本での昼の長さは毎日少しずつ変化していきます。

- 春分の日，秋分の日：太陽の光は，地軸に垂直な方向から地球を照らします。地球上のどの地点でも，昼夜の長さはほぼ<u>12時間ずつ</u>になります。
- 夏至の日：太陽の光は，北寄りの方向から地球を照らします。北半球では昼の長さが<u>最も長く</u>なり，北の地域ほど長く，南の地域ほど短くなります。
- 冬至の日：太陽の光は，南寄りの方向から地球を照らします。北半球では昼の長さが<u>最も短く</u>なり，北の地域ほど短く，南の地域ほど長くなります。

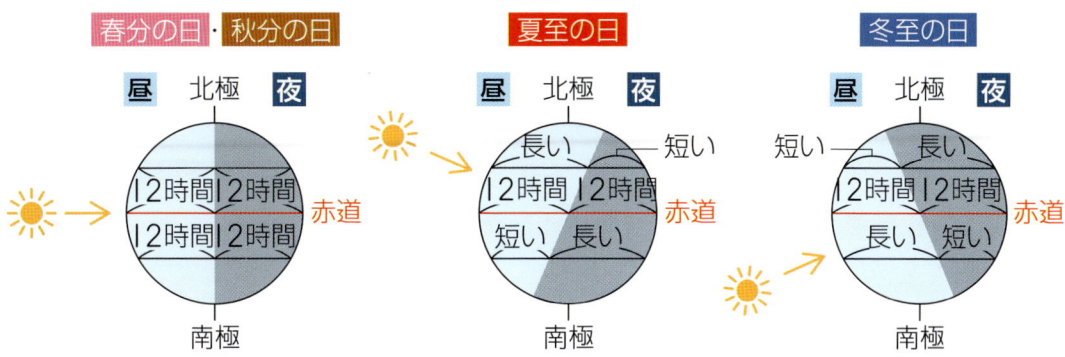

> **＋プラスワン**
> 北緯66.6°（90°－地軸のかたむき23.4°）より北の地域を北極圏，南緯66.6°より南の地域を南極圏といいます。
> この北極圏や南極圏では夏至や冬至の時期になると，一日中太陽がしずまない「白夜」や，一日中太陽がのぼらない「極夜」という現象が見られます。

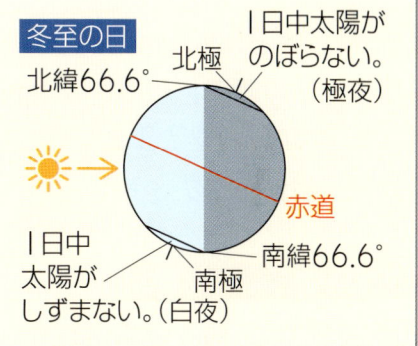

黄道

地球は太陽のまわりを公転していますが，地球から見ると，太陽が星座の中を1年かけて動いているように見えます。この，太陽の見かけの通り道のことを黄道といいます。また，黄道上にある12の星座のことを，黄道12星座といいます。

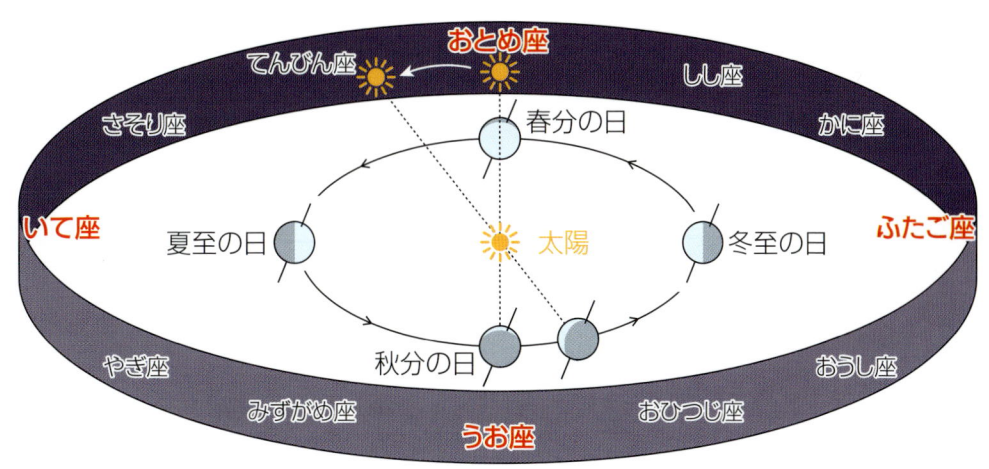

上の図で，太陽の方向にある星座は，太陽の光によって見えません。真夜中になると，太陽と反対の方向にある星座が見えます。

月

月は，地球のまわりを公転している衛星です。ほぼ球形をしています。太陽の光を反射することでかがやいて見えます。

月には，空気はありません。いん石がぶつかった跡である**クレーター**がたくさんあります。

【直径】約3500km（地球の約4分の1）
【地球からの距離】約38万km
【自転周期】約27.3日
【公転周期】約27.3日

月の模様

月を見ると，明るい部分と暗い部分があります。暗い部分は**海（月の海）**とよばれ，黒っぽい岩石でできています。水があるわけではありません。

月の模様は，日本では昔からウサギに見立てられていました。

クレーター

＋プラスワン

月の模様は，国によって見方が異なり，女性の横顔やはさみの大きなカニなど，さまざまなものに見立てられています。

月の公転・自転

月の公転と自転の向きは，地球の北極側の宇宙から見たとき，どちらも反時計回りです。公転と自転の周期が同じであるため，地球からはいつも**同じ面**が見えます。

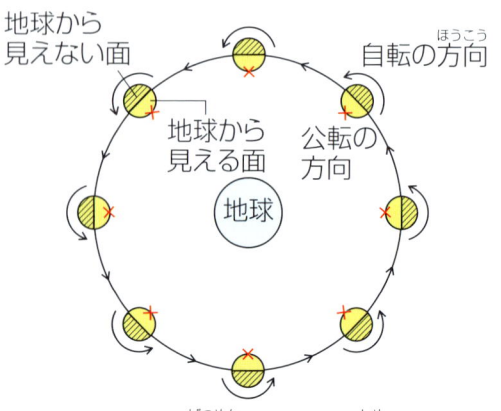

※×は，月面上の同じ点を示しています。

月の満ち欠け

月，地球，太陽の位置関係によって，月の光っている部分の形は少しずつ変わって見えます。月は約 **29.5日** の周期で満ち欠けをしています。

日本で観測すると，月は **右側** から満ちていき，**右側** から欠けていきます。次のような月は，特別な名前でよばれています。

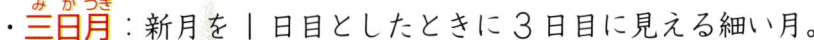

- **新月**：太陽と同じ方向にあり，地球から見えない月。
- **三日月**：新月を1日目としたときに3日目に見える細い月。
- **上弦の月**：右半分が光っている月。
- **満月**：地球から見えるすべての面が光っている丸い月。
- **下弦の月**：左半分が光っている月。

満ち欠けの順序は，新月→三日月→上弦の月→満月→下弦の月→新月となります。

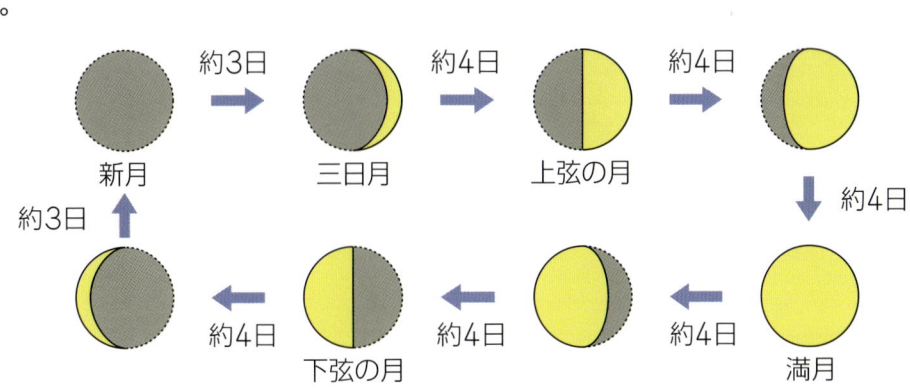

+ **プラスワン**

地球から見ると，月と太陽は同じくらいの大きさに見えます。これは，月に比べて太陽が非常に遠くにあるからです。

地球　月　約3500km　　　太陽　約140万km
約38万km　　約1億5000万km

月の動き

月は東からのぼり、南の空を通って、西にしずみます。

月がのぼるときやしずむときに、月の中心が地平線（または水平線）上にきたときをそれぞれ月の出、月の入りといい、月の南中時刻は月の出と月の入りの時刻の真ん中ごろになります。

月の形と見える時刻

月の南中時刻は1日に約50分おくれていきます。そのため、いつも同じ時刻、同じ位置に月が見えるわけではありません。月の見える時刻は、月の形によってだいたい決まっています。

【新月】

太陽と同じ方向にあるため、地球からは見えませんが、太陽と同じように午前6時ごろ出て、正午ごろ南中し、午後6時ごろしずみます。

【三日月】

太陽より少しおくれて動きます。午前8時ごろ出て、午後2時ごろ南中し、午後8時ごろしずみます。昼間は太陽の光が強いので、地球から見えるのは夕方ごろからで、このとき西の空の低い所に見えます。

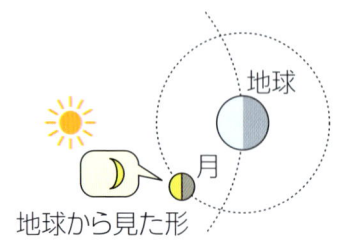
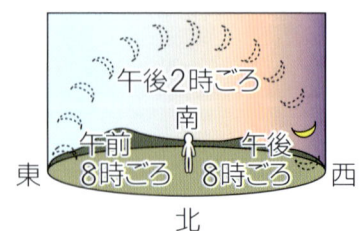

【上弦の月】

正午ごろ出て、午後6時ごろ南中し、午前0時ごろしずみます。昼間は太陽の光が強いので、地球から見えるのは夕方ごろからで、このとき南の空の高い所に見えます。

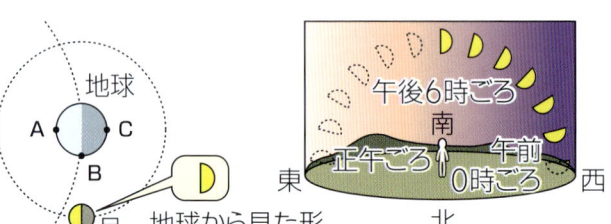

A地点：月の出
B地点：南中
C地点：月の入り

【満月】

太陽と**反対**の位置にあります。**午後 6 時ごろ出て，午前 0 時ごろ南中し，午前 6 時ごろ**しずみます。月の出から月の入りまで**一晩中**見ることができます。

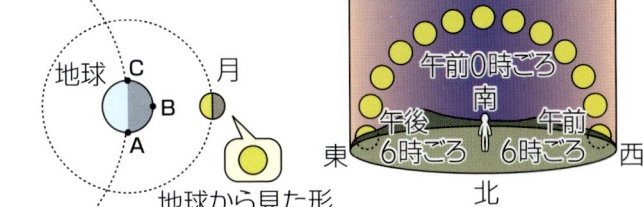

A地点：月の出
B地点：南中
C地点：月の入り

【下弦の月】

午前 0 時ごろ出て，午前 6 時ごろ南中し，正午ごろしずみます。太陽がのぼるにつれて見えにくくなります。

A地点：月の出
B地点：南中
C地点：月の入り

>  入試問題では，午前○時のように具体的な時刻ではなく，午前 0 時は「真夜中」，午前 6 時は「明け方」，午後 6 時は「夕方」，などと示されることも多いのだ。細かい時刻を暗記するのではなく，太陽との位置関係で覚えておくとよいのである。

＋プラスワン

月の公転周期は約 27.3 日ですが，月の満ち欠けの周期は約 29.5 日と長くなっています。これは，月が 1 回公転する間に，地球も公転によって位置が変わっていることによります。月の満ち欠けの周期は次のように計算して求めることができます。

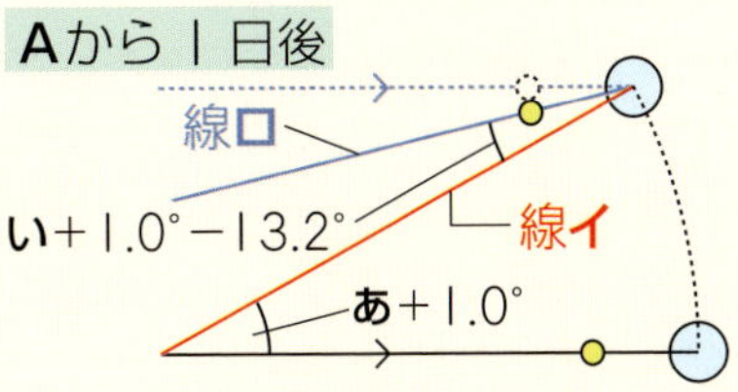

① 右の図のように，はじめ地球と月が**A**の位置にあったとします。

② 月が 1 回公転したときには，図の**B**のような位置関係になります。ここではまだ月は新月ではなく，月の満ち欠けが 1 周するためには，**C**の位置までこなければなりません。これは，図の**線イ**と**線ロ**との角度が 0° になるときということです。

③ 地球は 1 日に 360 ÷ 365 = 0.98… →約 1.0°
月は 1 日に 360 ÷ 27.3 = 13.18… →約 13.2°
公転します。よって**あ**（＝**い**）の角度は 1.0 × 27.3 = 27.3（°）です。**線イ**と**線ロ**の角度は 1 日あたり，13.2 − 1.0 = 12.2（°）ずつ小さくなるので，27.3 ÷ 12.2 = 2.23…
→約 2.2（日）となり，満ち欠けの周期は 27.3 ＋ 2.2 = 29.5（日）となります。

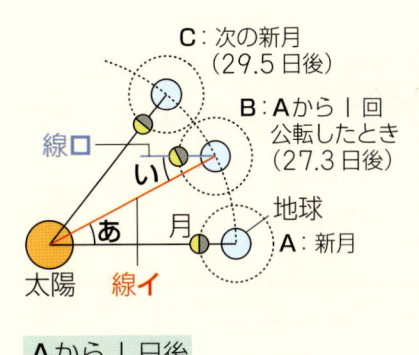

月の南中高度

月の南中高度は，季節によって変化します。変化する理由はいくつかありますが，1つは地軸のかたむきが関係しています。北半球では，地軸の北極側が月のほうにかたむいていると南中高度は**高く**なり，北極側が月から遠ざかるほうにかたむいていると南中高度は**低く**なります。

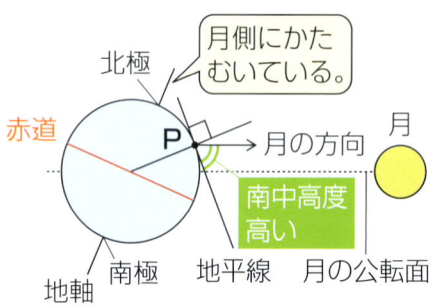 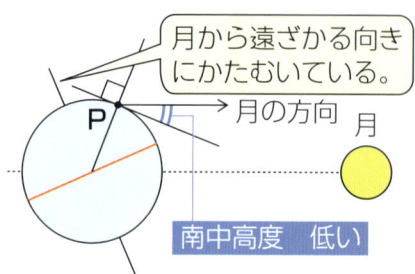

【満月の南中高度】
　冬至の日に近いころ高くなり，**夏至の日**に近いころ低くなります。

【上弦の月の南中高度】
　春分の日に近いころ高くなり，**秋分の日**に近いころ低くなります。

【下弦の月の南中高度】
　秋分の日に近いころ高くなり，**春分の日**に近いころ低くなります。

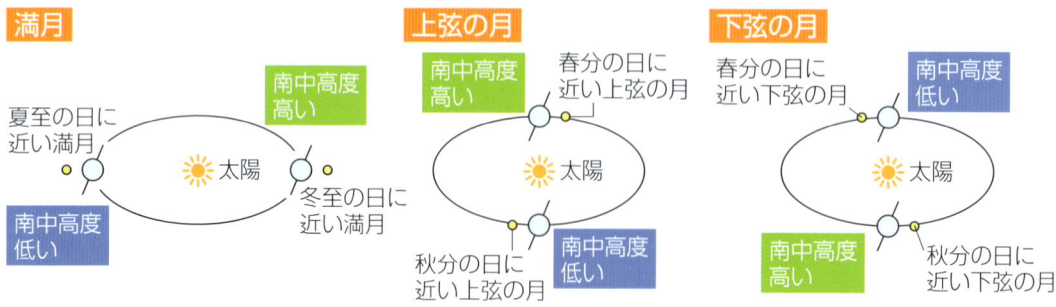

+プラスワン

月は地球から最も近い天体であり，昔から人々は月のようすを調べたり，月に行ったりできるように研究が進められていました。

1969年に，アメリカのアポロ11号計画で，人類が初めて月面に降り立つと，その後数回にわたり月面での調査が行われました。

日本では，2007年に月周回衛星「かぐや」が打ち上げられ，月表面のようすや月の環境など，さまざまな調査が行われました。

月面に降りた宇宙飛行士

天体　地球・太陽・月

月から見た地球 🪐

月はつねに同じ面を地球に向けて公転しているため，月からは地球が**つねに同じ位置にあるように見えます**。

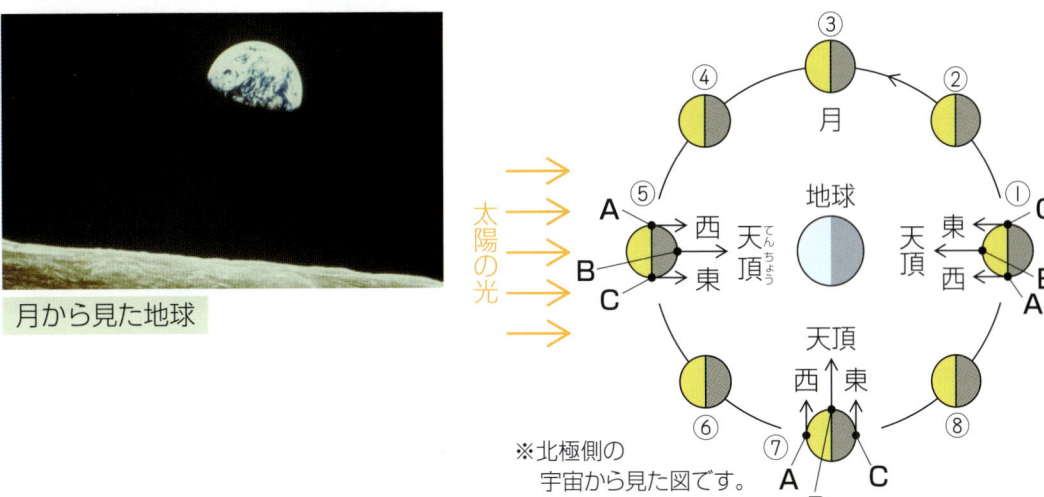

月から見た地球

また，月から地球を見ると，地球が満ち欠けして見えます。地球の満ち欠けの周期は，月の満ち欠けと同じ約29.5日です。月から見える地球の面は，月の公転や地球の自転によって変わります。

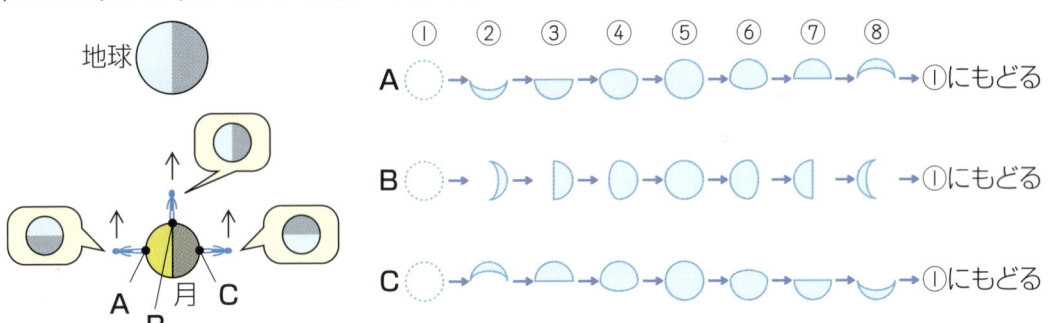

❗ 入試問題では…（巣鴨中学校・改）
問1：次の①〜⑥の図は東京での月の形の見え方を表しています。新月から順に並べ，記号で答えなさい。なお，図の白い部分に太陽の光が当たっているものとします。

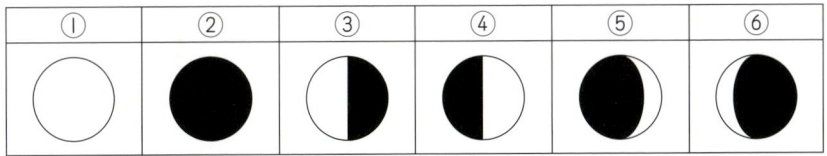

問2：月の表面には円形の盆地が多く見られます。これらの盆地を何といいますか。
問3：月の表面に円形の盆地ができた原因は何ですか。その原因として最も適するものを，次のア〜オから1つ選びなさい。
ア　火山の噴火　　イ　隕石の衝突　　ウ　断層運動　　エ　水による侵食
オ　氷による侵食

答えは103ページ

日食

日食は，太陽の光が月によってさえぎられ，太陽が欠けて見える現象です。一部が欠けることを部分日食，太陽が完全に見えなくなることをかいき日食といいます。かいき日食のときには，太陽のまわりのコロナやプロミネンスが見られます。
日食は新月のときに起こります。

かいき日食

日食の原理

日食が起こるのは，太陽・月・地球の順に一直線に並ぶときです。月の半影に入っている地域では部分日食となり，月の本影に入っている地域ではかいき日食となります。

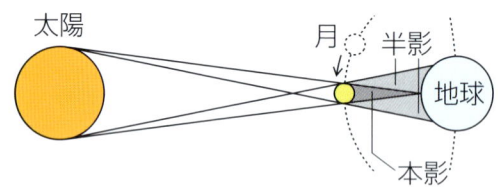

地球と月との距離はつねに一定ではなく，少し変化します。月が地球から遠いときは，月のほうが太陽よりも見かけの大きさが小さくなるので，太陽が輪のように見える金かん日食となることがあります。

金かん日食

太陽の欠け方

日本（北半球）から日食を観測すると，太陽が月を追いこすような動きになり，太陽は右のほうから欠けていきます。

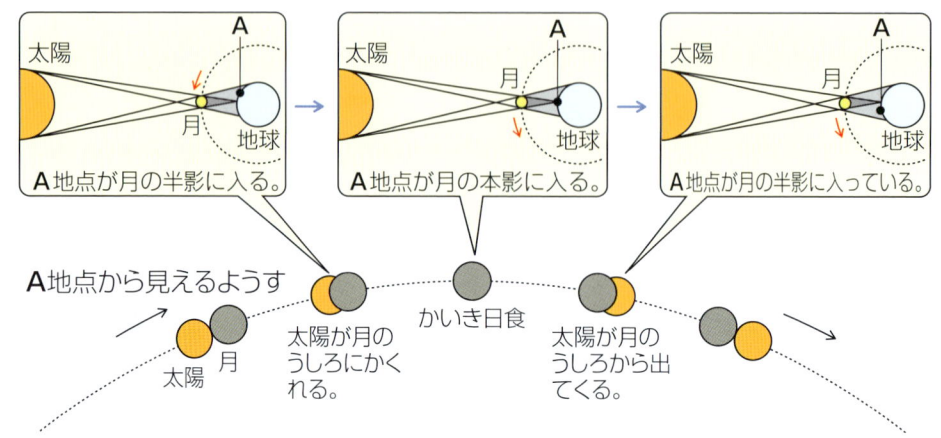

月食

月食は，月が地球のかげに入り，月が欠けて見える現象です。かいき月食では，月全体が赤っぽい色に見えることがあります。

月食は，満月のときに起こり，月が見えている地球上のすべての地域で見ることができます。

かいき月食

月食の原理

月食が起こるのは，太陽・地球・月の順に一直線に並ぶときです。月がすべて地球の本影に入るとかいき月食となり，月の一部しか本影に入らないと部分月食となります。月よりも地球の本影のほうが大きいので，金かん月食は起こりません。

月の欠け方

日本（北半球）から月食を観測すると，左のほうから欠けていきます。

月食の原理

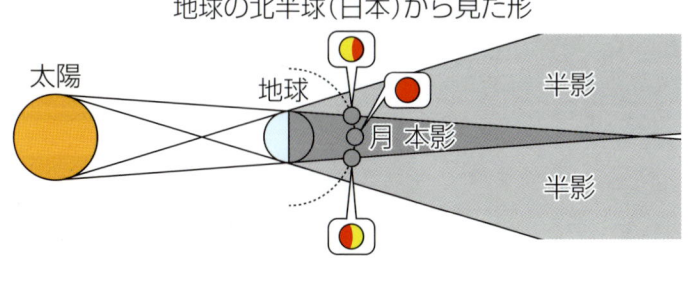

月の欠け方

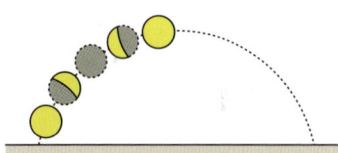

月食が起こる時刻によって，月のかたむきはちがいます。上の図は，午後9時ごろから始まった月食のときの図です。

＋プラスワン

月食や日食は，満月や新月の日に必ず起こるわけではありません。これは，月の公転面が地球の公転面に対してかたむいているためです。

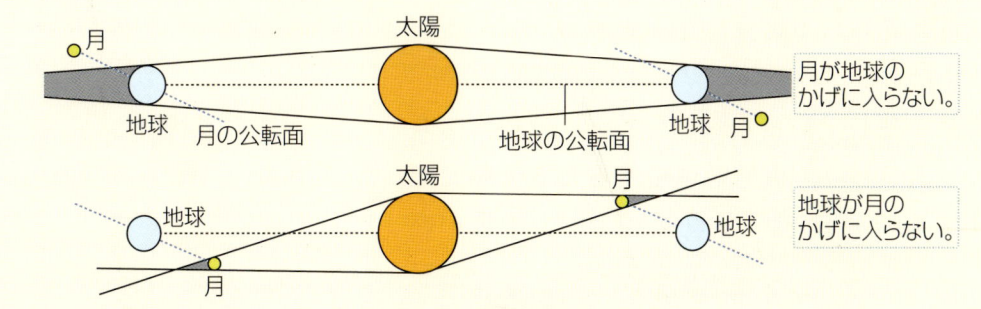

惑星

　自分で光や熱を出さず，恒星のまわりを公転し，ある程度の大きさをもつ天体を，惑星といいます。地球は太陽のまわりを回る惑星です。

　惑星は，太陽の光を反射することで，かがやいて見えます。

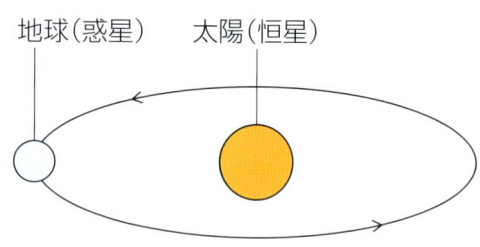

衛星

　惑星のまわりを公転する天体を衛星といいます。月は地球の衛星です。

　衛星は，自分で光や熱を出しません。太陽などの恒星の光を反射することで，かがやいて見えます。

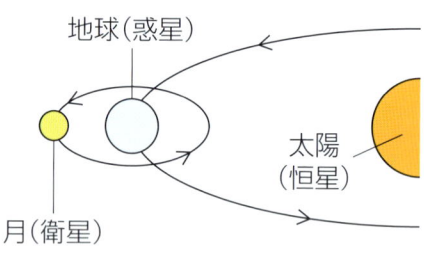

彗星

　彗星は，ちりや氷でできた小さな天体です。尾を引いているように見え，ほうき星ともよばれます。

　彗星は，一定の周期で太陽に近づきます。彗星が太陽に近づくと，太陽の熱で表面が蒸発したり，ちりが外に出たりして，尾が太陽と反対側に見られるようになります。

　彗星が残していったちりなどが，地球に落ちてくるとちゅう，大気を通過するときに熱と光を出すものが流星（流れ星）です。流星が燃えつきずに地表に落ちてきたものが，いん石です。

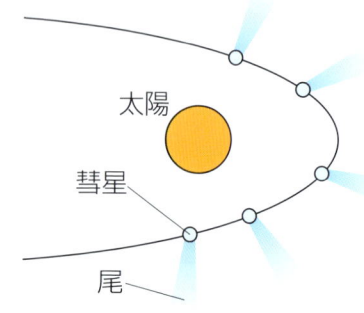

太陽系

太陽と，太陽のまわりを公転している惑星や，惑星のまわりを公転している衛星，彗星などの集まりを太陽系といいます。太陽系には**8つ**の惑星があり，太陽から近い順に，**水星，金星，地球，火星，木星，土星，天王星，海王星**です。惑星が公転する通り道（軌道）は円に近いだ円で，ほぼ同じ平面上にあります。

太陽系の惑星

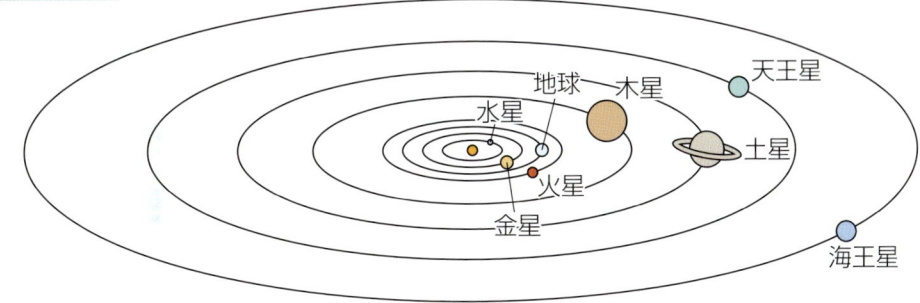

地球を1としたときの，太陽系の惑星の大きさや太陽からの距離は次のようになります。

> **＋プラスワン**
> 以前は，「冥王星」という天体も太陽系の惑星に数えられていました。しかし，ほかの8つの惑星と異なる性質が多かったために，2006年の国際会議で，惑星とは見なさないことになりました。

水星

水星は，最も太陽に近く，最も小さい惑星です。おもに岩石などでできています。大気がないため，表面温度は，昼間は約400℃，夜は約−180℃になります。

地球からは，夕方と明け方にしか観測できません。

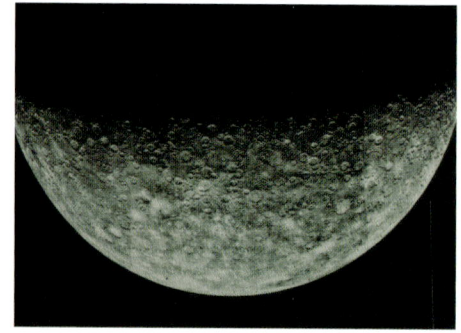

【直径】約5000km（地球の約3分の1）
【自転周期】約59日
【公転周期】約88日
【衛星】なし

火星

火星は，地球のすぐ外側を公転する惑星です。おもに岩石でできています。表面には酸化鉄が大量にふくまれるため，観測すると赤色に見えます。

【直径】約6800km（地球の約半分）
【自転周期】約25時間
【公転周期】約687日
【衛星】2個（フォボス，ダイモス）

＋プラスワン
火星の公転軌道はほかの惑星に比べゆがんでおり，太陽までの距離が最大で2割程度も変わります。

金星

地球のすぐ内側を公転する惑星です。おもに岩石などでできています。大部分が二酸化炭素の大気があり，二酸化炭素の温室効果によって，表面温度は約460℃にもなります。

地球からは，夕方と明け方にしか観測できません。夕方に西の空に見える金星は「よいの明星」，明け方に東の空で見える金星は「明けの明星」ともよばれます。

【直径】約1万2000km
　　　　　（地球より少し小さい）
【自転周期】約243日
【公転周期】約225日
【衛星】なし

＋プラスワン
二酸化炭素には，熱を吸収して宇宙へにがしにくくするはたらきがあります。このはたらきを温室効果といいます。

金星の満ち欠け

地球から金星を見たとき，金星の位置によって太陽の光が当たっている面の見え方が変わるため，月のように満ち欠けして見えます。また，金星が地球に近い場所にあるほど大きく見えるため，大きさも変わって見えます。

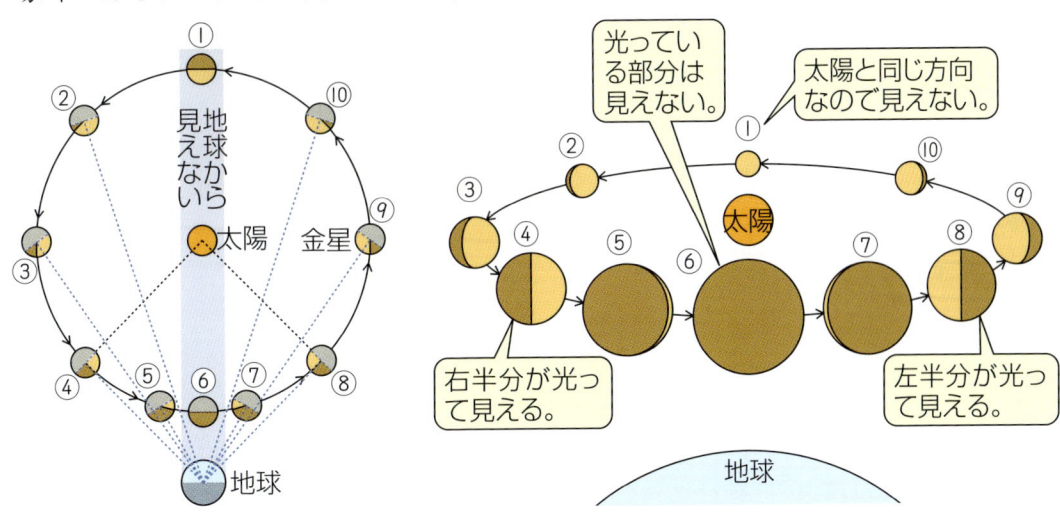

木星 ★☆☆

木星は、太陽系最大の惑星です。おもに気体でできています。

たくさんの衛星をもちますが、中でもガリレオ・ガリレイによって発見されたイオ、エウロパ、ガニメデ、カリストという、4つの衛星（ガリレオ衛星とよばれます）が有名です。また、目立ちませんが、輪があります。

【直径】約14万km（地球の約11倍）
【自転周期】約10時間
【公転周期】約11.9年
【衛星】たくさん

土星 ★☆☆

土星は、木星に次いで2番目に大きな惑星です。おもに気体でできています。

土星には、氷のかけらなどでできた、大きな輪があります。また、たくさんの衛星をもっています。

【直径】約12万km（地球の約9倍）
【自転周期】約11時間
【公転周期】約29.5年
【衛星】たくさん

> ＋プラスワン
> 土星は高速で自転しており、また、ガスでできているため密度が低くなっています。このため、土星はほかの惑星に比べ、明らかに上下につぶれたような形をしています。

恒星

自分で光や熱を出している星を恒星といいます。夜空に光る多くの星や太陽も恒星です。また，恒星がたくさん集まったものを銀河といいます。

恒星の明るさ

恒星の明るさは，等級で表されます。等級の数字が小さいほうが明るいことを表し，最も明るく見える星を１等星，肉眼で見える最も暗い星を６等星とします。等級が１ちがうと明るさが約2.5倍ちがい，１等星は６等星の100倍の明るさです。

＋プラスワン
地球に最も近い恒星である太陽は，－27等級です。恒星だけでなく，惑星や月なども等級で表すことができ，満月は－13等級，金星は最も明るく見えるときで－４等級以上になります。

１等星は21個ありますが，その中でも明るさにちがいがあり，１等級より明るいものは０等級，－１等級のように表されます。最も明るい１等星はおおいぬ座のシリウスで－1.5等級です。

恒星の色と温度

恒星には，表面温度のちがいによって，さまざまな色のものがあります。

恒星の色		温度	恒星の例
青白色		高い	スピカ，リゲル
白色		↑	デネブ，ベガ，シリウス
黄色		↕	プロキオン，太陽
だいだい色		↓	アルデバラン，アルクトゥルス
赤色		低い	ベテルギウス，アンタレス

 太陽は赤ではなく，黄色なのだ。夕方に太陽が赤く見えるのは，地球の大気や大気中のちりによって，太陽光線のうち赤い光だけが届いているからなのである。

星座

いくつかの星（恒星）の集まりを，人やものなどに見立て，名前をつけたものを星座といいます。全天には88の星座があります。

地球から見ると，星は動いて見えますが，星座の並び方は変わりません。

おおぐま座

1年を通して北の空に見られる星座です。おおぐま座には、7つの星がひしゃくの形に並んだ北斗七星がふくまれています。

北斗七星は、北極星の位置を知るために使われてきました。

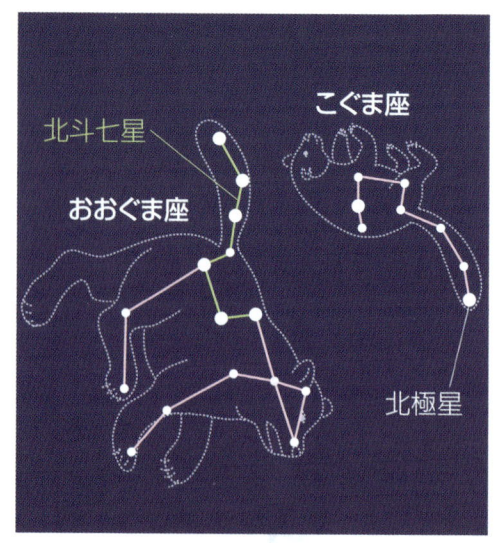

こぐま座

1年を通して北の空に見られる星座です。こぐま座のしっぽに当たる部分には北極星があります。

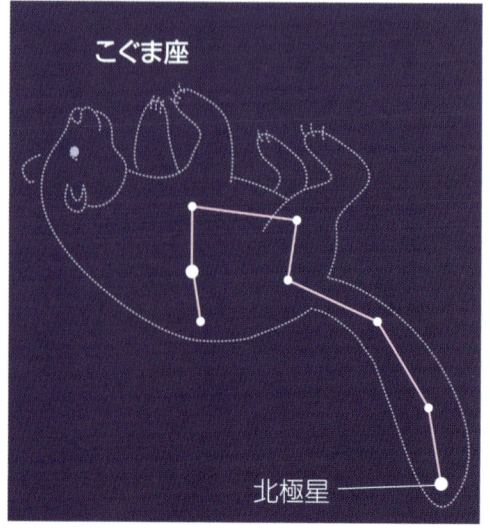

 おおぐま座やこぐま座は、構成する星が点で示され、その中から北斗七星や北極星を選ばせる問題も出題されるのだ。星座の中のどの星なのかをしっかり確にんしておくとよいのである。

北極星

北極星は，こぐま座のしっぽの部分にある2等星です。ほぼ真北の方向にあり，昔は航海の目印にもなっていました。

北極星は地軸を北極側にのばしたずっと先にあるため，北半球では星は北極星を中心に回っているように見えます。南半球からは見えません。

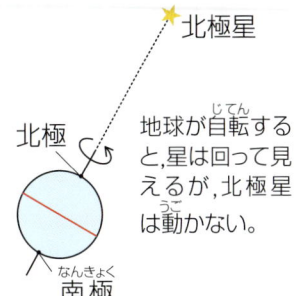

地球が自転すると，星は回って見えるが，北極星は動かない。

北極星の見つけ方

北極星は2等星であまり目立ちませんが，見つけやすい北斗七星やカシオペヤ座を利用して見つける方法があります。

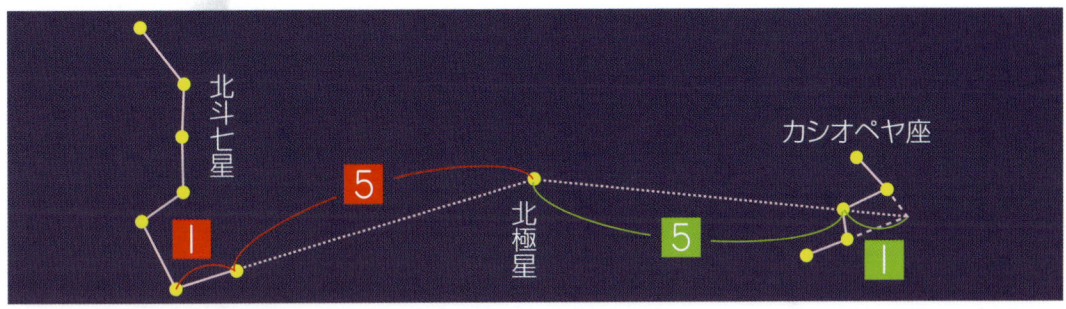

北極星の高度

北極星の高度は，観測地点の緯度と等しくなります。

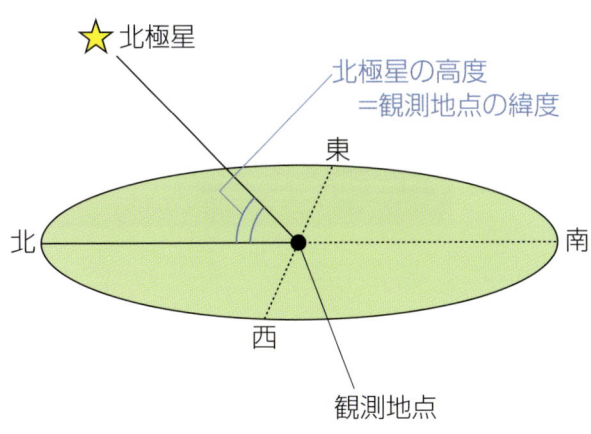

＋プラスワン

北極星の高度が観測地点の緯度と等しくなることは，下の図からもわかります。北極星は非常に遠くにあるため，北極星からの光は平行線と考えられます。

北極星からの光は平行なので，図のあといは等しくなる。

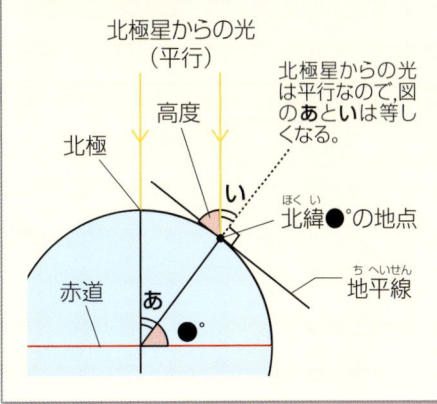

カシオペヤ座 ★★☆

カシオペヤ座は、1年を通して北の空に見られる星座です。「W」の形をしており、北極星をはさんでおおぐま座（北斗七星）のほぼ反対の位置にあります。真夜中に北の空高くにのぼって見やすくなるのは、秋ごろです。

カシオペヤ座は、北極星の位置を知るために使われてきました。

カシオペヤ座

はくちょう座 ★★★

はくちょう座は、夏に見られる星座です。星が十文字に並んでいる姿が、ハクチョウが飛んでいるようすに例えられたものです。天の川の中を飛んでいるように見えます。

はくちょう座は、夏の大三角をつくる星の一つである、1等星のデネブをふくみます。デネブは白色にかがやいています。

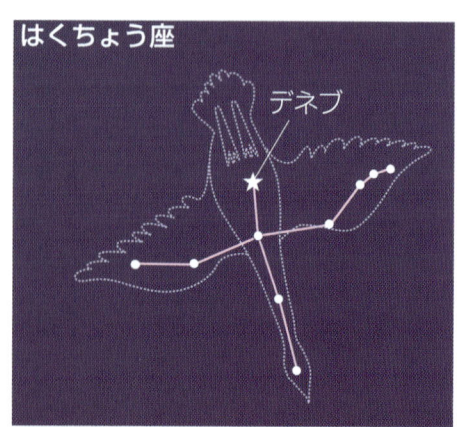
はくちょう座
デネブ

こと座 ★★☆

こと座は，夏に見られる星座です。夏の大三角をつくる星の一つである，１等星のベガをふくみます。

ベガの明るさは０等級で，夏の大三角をつくるほかの星（アルタイル，デネブ）よりも明るく見えます。ベガは白色にかがやいています。

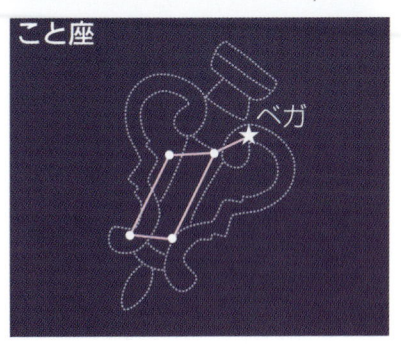
こと座

わし座 ★★☆

わし座は，夏に見られる星座です。夏の大三角をつくる星の一つである，１等星のアルタイルをふくみます。

アルタイルは白色にかがやいています。

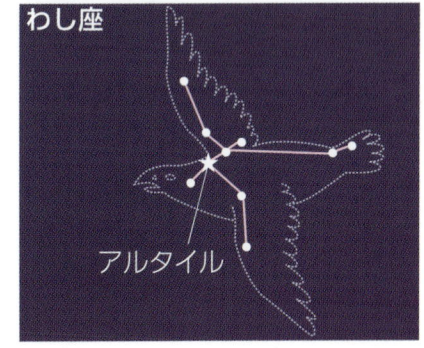
わし座

＋プラスワン

こと座のベガとわし座のアルタイルは，天の川をはさんだ位置にあり，中国ではベガは「織女星」，アルタイルは「けん牛星」とよばれ，七夕伝説のもとになりました。この伝説が日本にも伝わり，日本では織女星は「織姫星」，けん牛星は「彦星」とよばれています。

＜七夕伝説＞
機織りをしていた織姫と，牛の世話をしていた彦星は，とても働き者でした。しかし，２人は結こんすると楽しさのあまり遊び暮らすようになってしまいました。そのため，天の神様がおこり，２人を天の川の両岸に引きはなし，１年に１度七夕の夜にだけ会えるようにしたのです。

さそり座 ★★★

　さそり座は，夏に南の空の低い所に見られる星座です。1等星のアンタレスをふくみます。
　アンタレスは赤色にかがやいており，「サソリの心臓」ともよばれます。

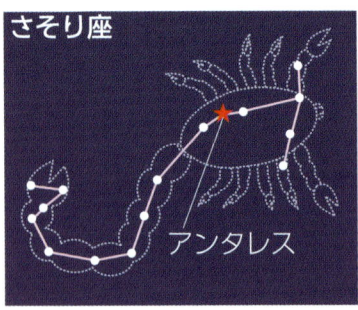
さそり座
アンタレス

夏の大三角 ★★☆

　夏の夜空高くに見える，こと座の1等星ベガ，わし座の1等星アルタイル，はくちょう座の1等星デネブが形づくる三角形を，夏の大三角といいます。

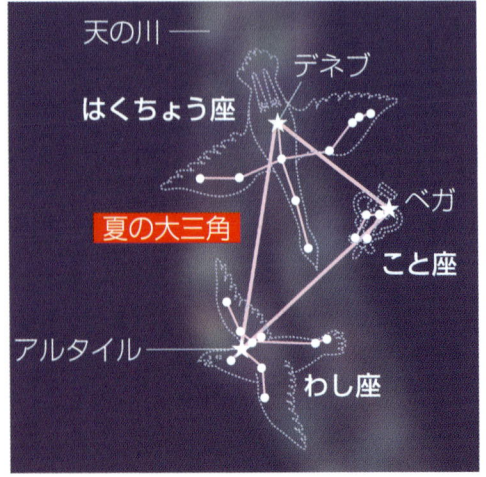
天の川
はくちょう座
デネブ
夏の大三角
ベガ
こと座
アルタイル
わし座

+プラスワン
夏の夜空では，南の空から天頂近くを通り北の空へ向かう天の川が見られます。天の川はたくさんの星の集まりで，白っぽく見えます。

夏の大三角は，図が示されてそれぞれの星の名前を答えさせたり，その星がふくまれる星座の名前を答えさせたりする問題が非常によく出題されるのだ。星の並び方，1等星の名前をきちんと覚えておくのだぞ。

オリオン座

オリオン座は冬に見られる星座です。ベテルギウスとリゲルの2つの1等星をふくみます。中心部分には星が3つ並んでおり，「オリオン座の三つ星」とよばれます。

オリオン座が南の空に見えるとき，左上に見えるのが赤色にかがやくベテルギウスで，右下に見えるのが青白色にかがやくリゲルです。ベテルギウスは冬の大三角をつくる星の一つです。

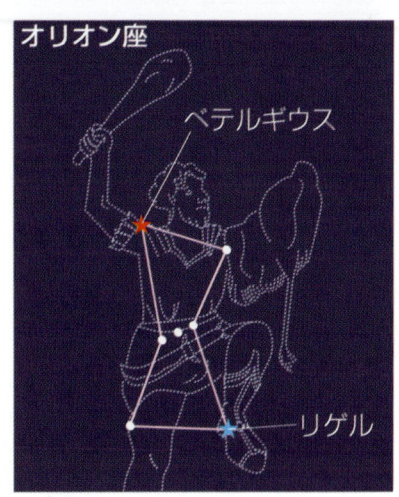

オリオン座の動き

オリオン座の三つ星は，東の空からのぼるときには縦に並んでおり，西にしずむときにはほぼ横になります。

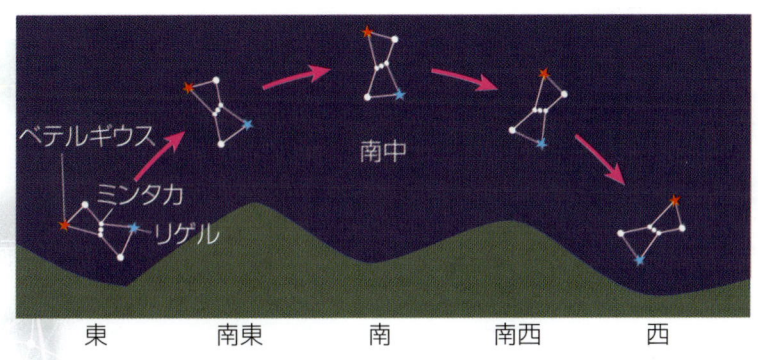

オリオン座の三つ星のうちミンタカとよばれる星は，ほぼ真東からのぼり，ほぼ真西へしずみます。これは，春分の日や秋分の日の太陽の動きと同じです。ミンタカが地平線より上にあるのは約12時間です。ミンタカよりも北よりからのぼるベテルギウスが地平線より上にある時間はミンタカよりも長く，南よりからのぼるリゲルはミンタカよりも短くなります。

❗入試問題では…（駒場東邦中学校・改）
問：下の文章は冬の星座について述べています。文中の（ 1 ）にあてはまる星の名前を答え，（ 2 ）にあてはまる色を次のア〜ウから1つ選び，記号で答えなさい。
「冬の大三角というのは，こいぬ座のプロキオンとおおいぬ座のシリウスとオリオン座の（ 1 ）を結んでできる三角形です。（ 1 ）は（ 2 ）色の星です。」
ア 白　　イ 青　　ウ 赤

答えは103ページ

おおいぬ座

おおいぬ座は、冬に見られる星座です。冬の大三角をつくる星の一つである1等星のシリウスをふくみます。

シリウスは、全天で最も明るい-1.5等級の星で、白色にかがやいています。

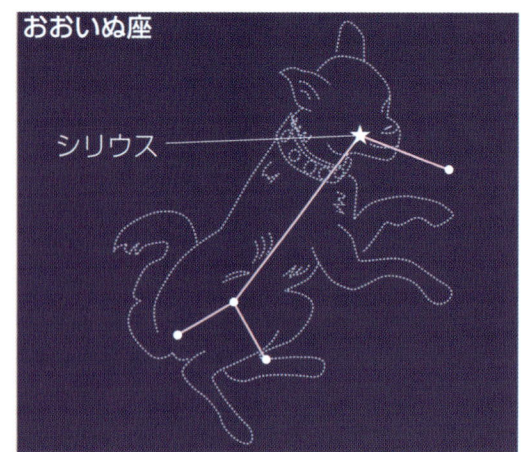

こいぬ座

こいぬ座は、冬に見られる星座です。冬の大三角をつくる星の一つである1等星のプロキオンをふくみます。

プロキオンは、黄色にかがやいています。

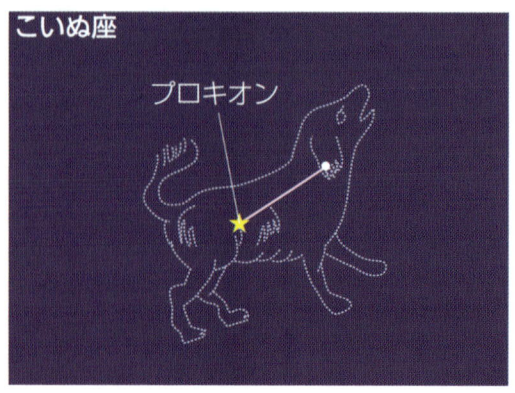

ふたご座 ★☆☆

　ふたご座は，冬に見られる星座です。1等星のポルックスと，2等星のカストルをふくみます。

　ポルックスは，だいだい色にかがやいています。

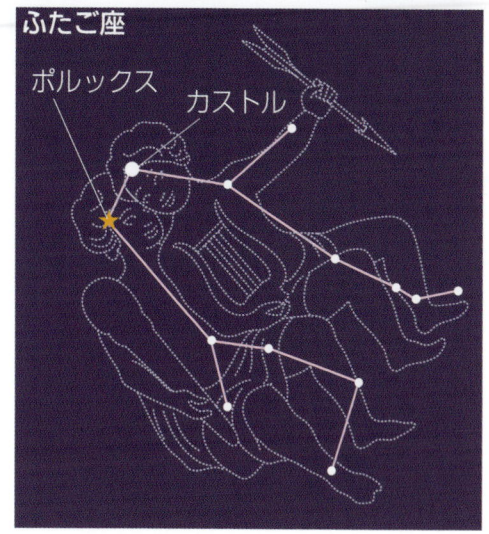
ふたご座
ポルックス　カストル

おうし座 ★☆☆

　おうし座は，冬に見られる星座です。1等星のアルデバランをふくみます。

　アルデバランは，だいだい色にかがやいています。

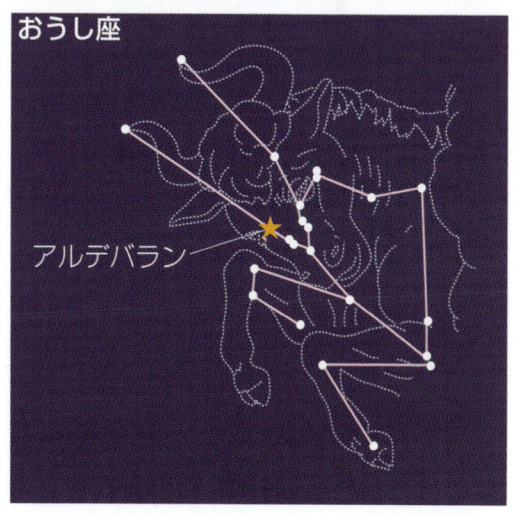
おうし座
アルデバラン

冬の大三角

冬の空に見える，オリオン座の1等星ベテルギウス，おおいぬ座の1等星シリウス，こいぬ座の1等星プロキオンが形づくる三角形を，冬の大三角といいます。ほぼ正三角形をしています。

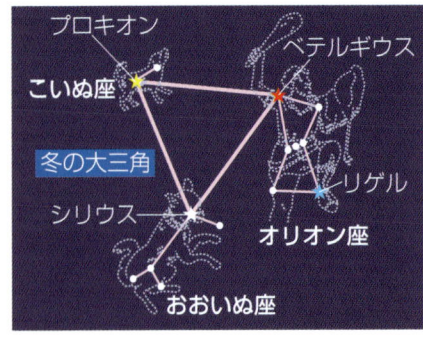

 オリオン座には1等星が2つあるのだ。冬の大三角を形づくるのは，赤色をしたベテルギウスのほうだということをしっかり確にんしておくのだぞ。リゲルとまちがえないように注意が必要なのだ。

＋プラスワン

真冬の夜空には，多くの1等星がかがやいています。
右のような，冬の大三角のベテルギウスを中心として，シリウスとプロキオンをふくむ大きな六角形は冬の大六角，または冬のダイヤモンドなどとよばれます。

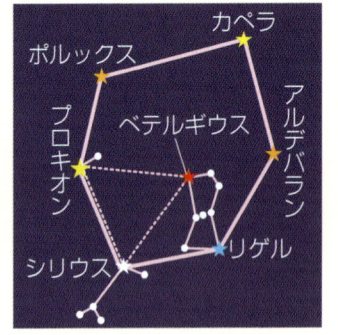

＋プラスワン

夏の大三角，冬の大三角のほかにも，目立つ星で形づくられた図形があります。
春の大三角は，うしかい座のアルクトゥルス，おとめ座のスピカの2つの1等星と，しし座のデネボラという2等星からなります。秋の四辺形は，ペガスス座の3つの星と，アンドロメダ座の1つの星からなります。

星座早見 ★★☆

星座早見は，星空の動きや，見たい日時の星空のようすを手軽に調べられる道具です。星座早見盤ともよばれます。

星座早見のつくり

星座早見は，星座板の上に地平板が重なってできています。ふつう，2枚の板の中心がとめられていて，回転するようになっています。

北半球用の星座板の中心には**北極星**がかかれており，まわりに北半球で観測できる星や星座がえがかれています。そして，はしには時計回りに1年間の月日が書かれています。

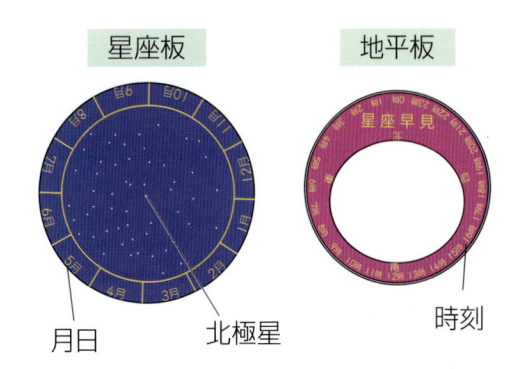

地平板には，反時計回りに24時制で時刻が書かれています。また，星座早見は上を向いて使うため，北を上に向けたとき，右に**西**，左に**東**と書いてあります。

星座早見の使い方

ある日時の空のようすを知りたいとき，星座早見は次のように使います。

1. 星座板の月日と地平板の時刻を観測時刻に合わせます。
2. 観測したい方位を向き，地平板の観測したい方位が**下**になるようにして星座早見を持ちます。

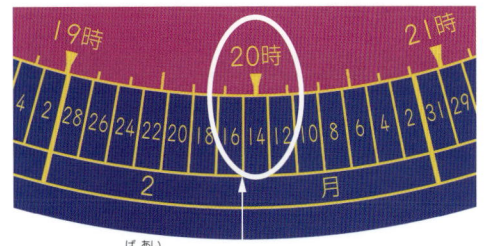

※15日の場合は，14日と16日の間と時刻を合わせます。

星の動き

天球

夜空の星は，空全体をおおうドームのような球面に張り付いた点として考えることができます。この球面のことを天球といいます。

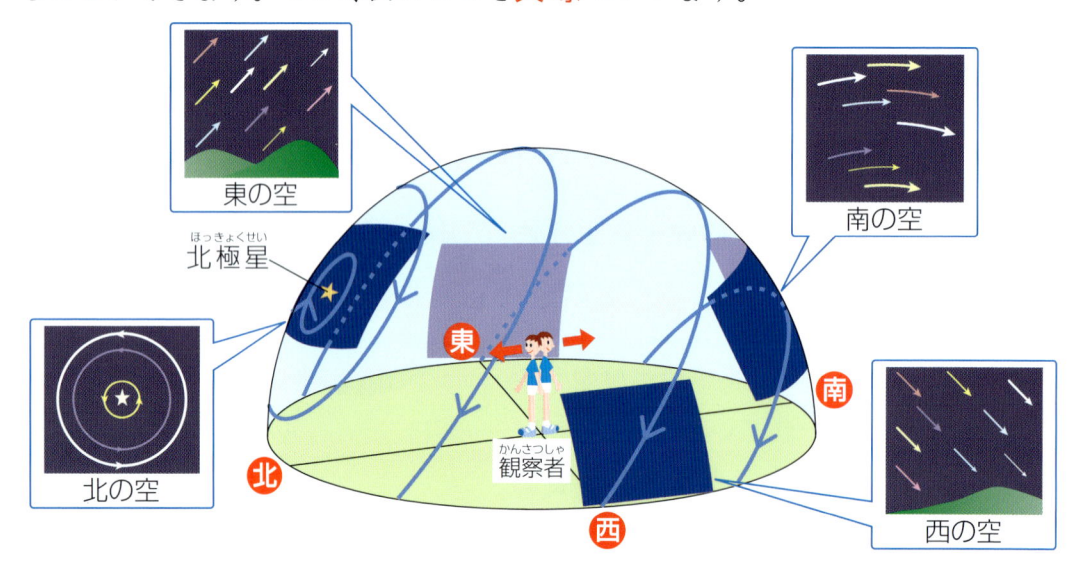

天球の内側から観察すると，星の動きは方位によって異なって見えます。北半球では次のように見えます。

- 北の空の動き：北極星を中心として，反時計回りに1日に1回転しています。
- 東の空の動き：左下から右上へ動きます。
- 南の空の動き：左から右（東から西）へ弧をえがくように動きます。
- 西の空の動き：左上から右下へ動きます。

星の日周運動

地球上から見ると，地球の自転によって，星は1日の間に動いて見えます。この動きを星の日周運動といいます。

星は，北極星を中心として反時計回りに天球上を回転しています。1日（24時間）でほぼ360°回転して元の位置にもどるので，1時間当たり約15°動いて見えます。

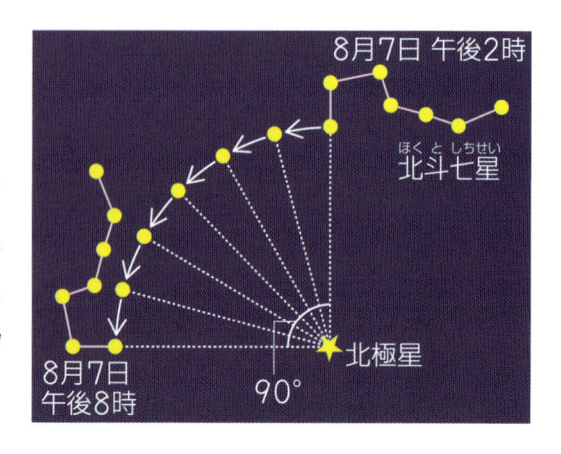

星の年周運動

毎日同じ時刻に星を観察すると，日がたつにつれて動いて見え，1年後に元の位置にもどります。この動きを星の年周運動といいます。

星は北極星を中心に，反時計回りに1年（365日）で360°回転することから，1日あたり**約1°**，1か月あたり**約30°**動いて見えます。

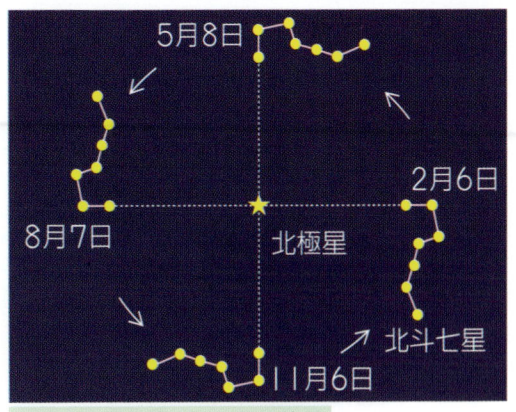

午後8時の北斗七星の位置

東の空から西の空では，星は日がたつにつれて，東から右上に向かってのぼり，南の空を弧をえがくように通って，西で右下にしずむように動いて見えます。

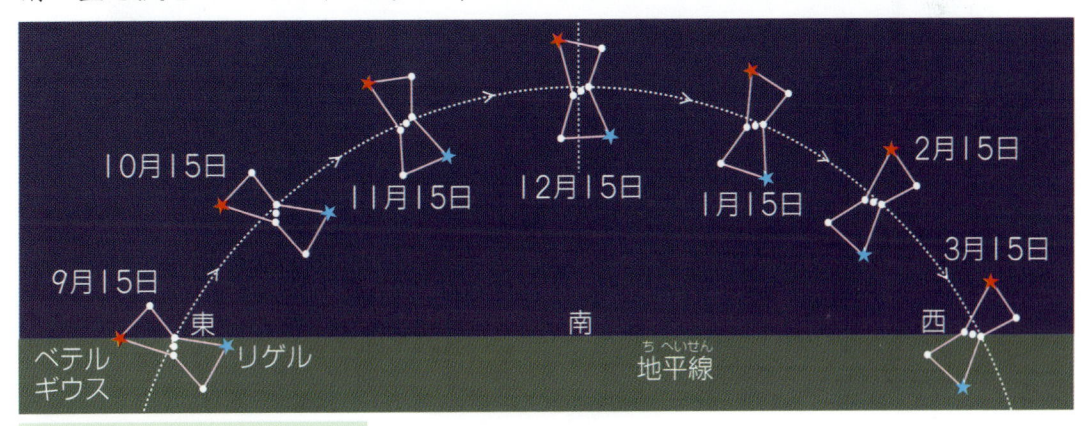

午前0時のオリオン座の位置

❗ 入試問題では…（立教新座中学校・改）

問：下の文章中の①〜⑧にあてはまる言葉，数字を以下のそれぞれの語群の中から選び，記号で答えなさい。

北半球では，星は東の空では（ ① ）上がりに，西の空では（ ② ）下がりに移動し，北の空では（ ③ ）を中心に，（ ④ ）まわりに1時間につき約（ ⑤ ）度回転する。（ ③ ）の高度は観測地点の（ ⑥ ）と同じである。また，南の空の星は1日後の同じ時刻には，その位置より（ ⑦ ）の方角に約（ ⑧ ）度，移動して見える。

語群 ①［ ア 右　 イ 左 ］　②［ ア 右　 イ 左 ］
　　　③［ ア 太陽　 イ 月　 ウ 北斗七星　 エ 北極星 ］
　　　④［ ア 時計　 イ 反時計 ］
　　　⑤［ ア 5　 イ 10　 ウ 15　 エ 20 ］
　　　⑥［ ア 緯度　 イ 経度 ］　⑦［ ア 東　 イ 西 ］
　　　⑧［ ア 0.5　 イ 1　 ウ 2　 エ 4 ］

答えは103ページ

季節の星座

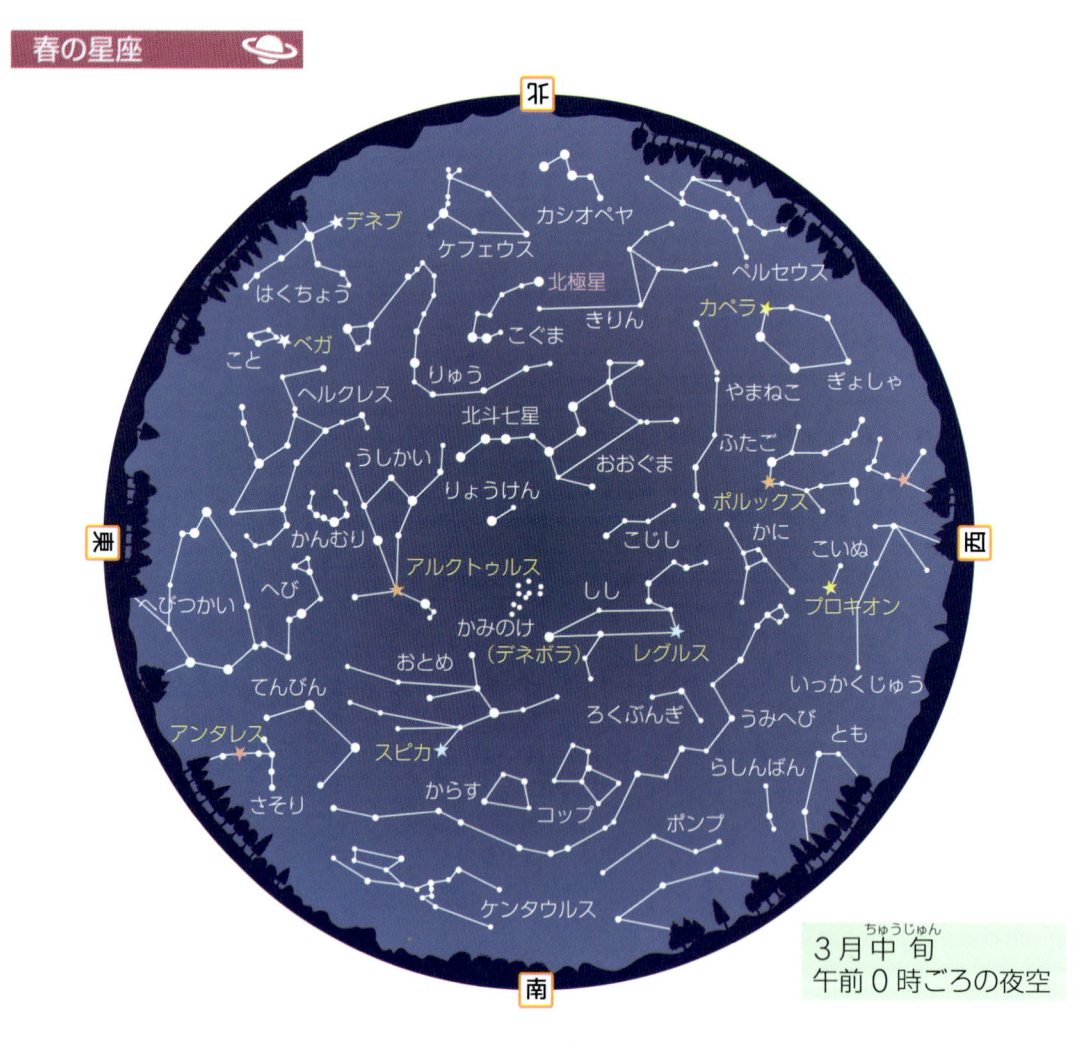

春の星座

3月中旬
午前0時ごろの夜空

【春のおもな星座と1等星】
・うしかい座（アルクトゥルス）
・おとめ座（スピカ）
・しし座（レグルス）

●春の大三角：アルクトゥルス，スピカ，デネボラ（しし座の2等星）

北斗七星をふくむおおぐま座や，北極星をふくむこぐま座は，1年を通して北の空に見られる星座であるが，真夜中に空の高い所にあって見やすいのは春なので，春の星座とされることがあるのだ。

夏の星座

6月中旬
午前0時ごろの夜空

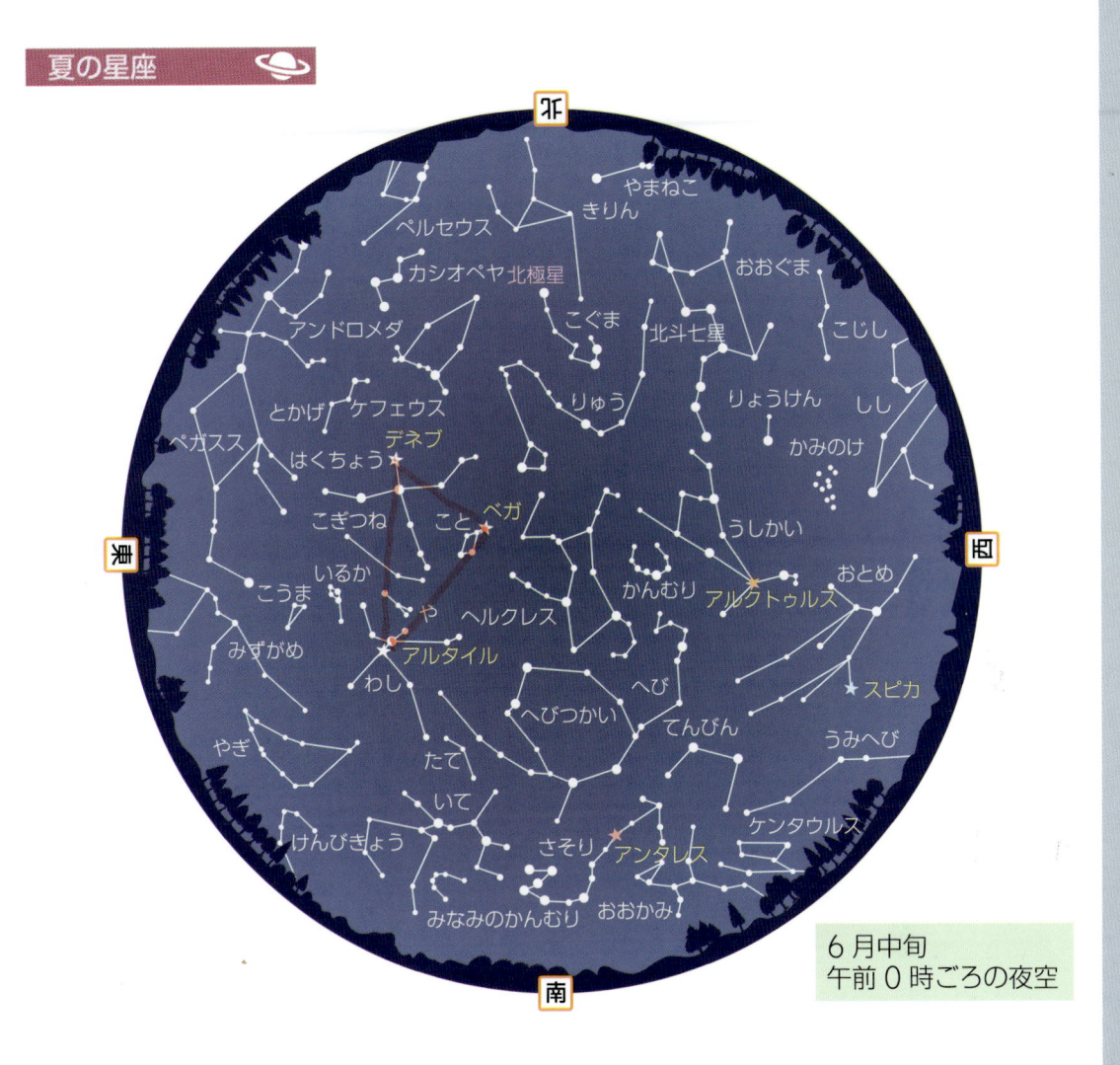

【夏のおもな星座と1等星】
・こと座（ベガ）
・わし座（アルタイル）
・はくちょう座（デネブ）
・さそり座（アンタレス）

●夏の大三角：ベガ，アルタイル，デネブ

秋の星座

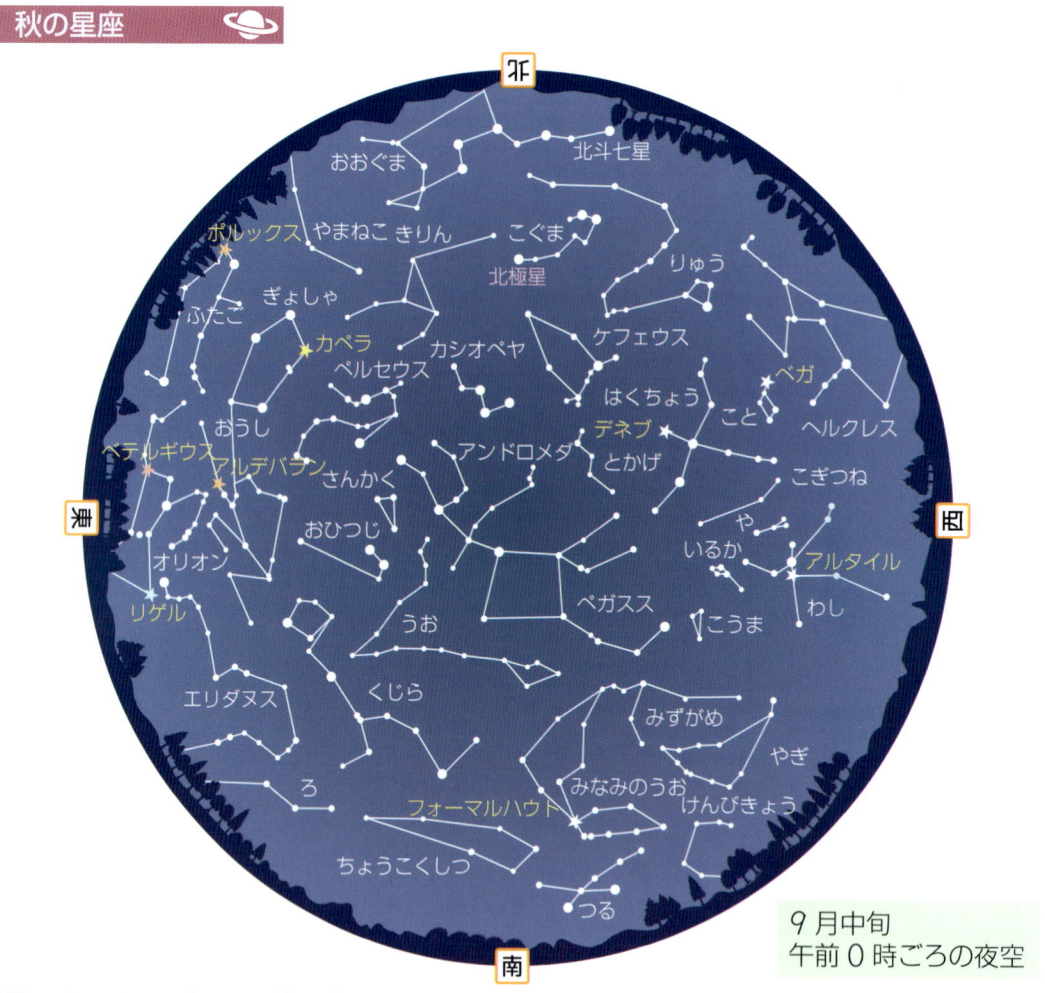

(9月中旬 午前0時ごろの夜空)

【秋のおもな星座と1等星】

・ペガスス座
・アンドロメダ座
・ペルセウス座
・みなみのうお座（フォーマルハウト）

　※フォーマルハウトは秋に見える数少ない1等星です。南の空の低い所に見えます。

● 秋の四辺形：ペガスス座の3つの星と，アンドロメダ座の1つの星
　※秋の四辺形には1等星はふくまれません。

> カシオペヤ座は，1年を通して北の空に見られる星座であるが，真夜中に空の高い所にあって見やすいのは秋なので，秋の星座とされることがあるのだ。

冬の星座

12月中旬 午前0時ごろの夜空

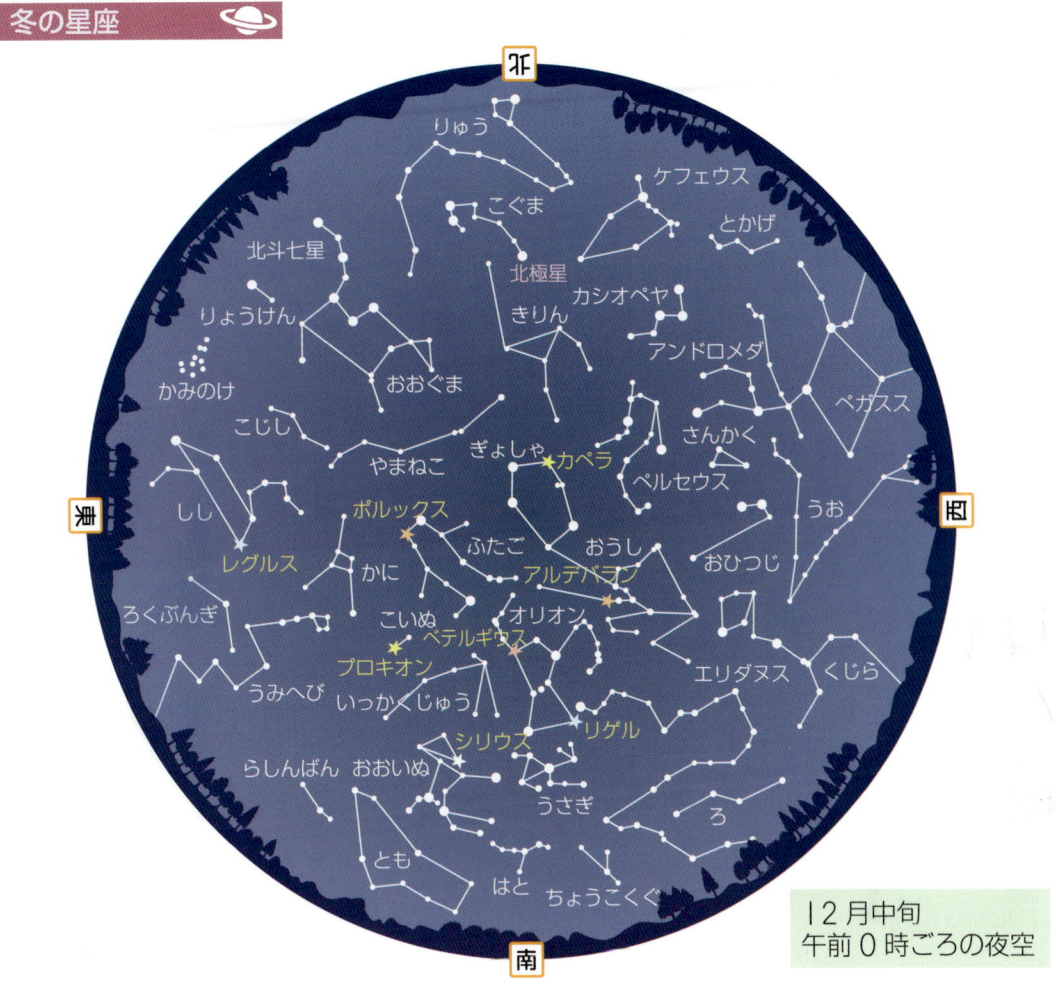

【冬のおもな星座と1等星】
- オリオン座（ベテルギウス，リゲル）
- おおいぬ座（シリウス）
- こいぬ座（プロキオン）
- おうし座（アルデバラン）
- ふたご座（ポルックス）
- ぎょしゃ座（カペラ）

●冬の大三角：ベテルギウス，シリウス，プロキオン
●冬の大六角：ポルックス，カペラ，アルデバラン，リゲル，シリウス，プロキオン

惑星の並び方

　太陽系の惑星は，それぞれ異なる周期で太陽のまわりを公転しており，位置関係が変化していきます。この位置関係は，計算で求めることができます。

天体が一直線に並ぶとき

　太陽，地球，金星を例に考えてみましょう。まず，太陽・金星・地球の順に天体が一直線に並んでいるとします。これらの天体が，再び同じ順番で一直線に並ぶのは何日後でしょうか。

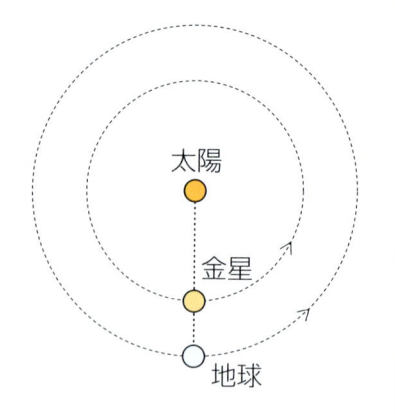

　金星の公転周期は約225日なので，金星が1日に動く角度は
360（°）÷ 225 = 1.6（°）くらいです。
　一方，地球が1日に動く角度は
360（°）÷ 365 = 0.986…（°）　⇒およそ0.99°です。
　よって，金星のほうが1日当たり 1.6 − 0.99 = 0.61（°）多く動くことがわかります。

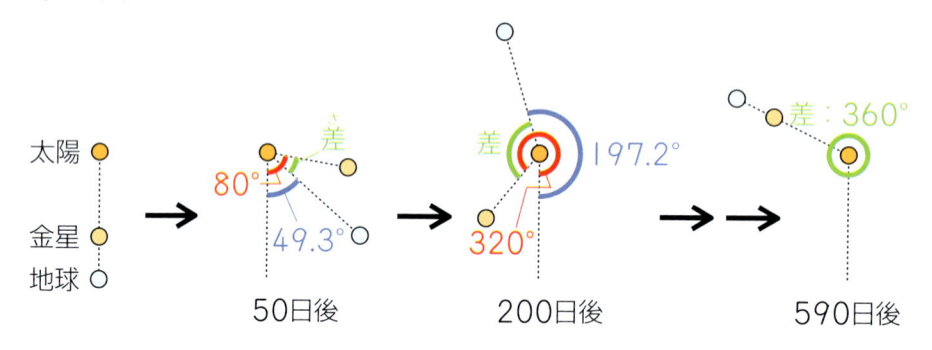

（図：50日後　80°　49.3°／200日後　197.2°　320°／590日後　差：360°）

　再び太陽・金星・地球の順に並ぶのは，金星が地球より360°（1周）分多く回って追いついたときだと考えられるので，
360 ÷ 0.61 = 590.1…　⇒約590日
より，約590日後とわかります。
※より正確な公転周期から計算すると，約584日となります。

> 入試問題では，計算する元となる公転周期や1か月に動く角度などは，問題文であたえられることが多いので，ここでは「360°の差がつくとき」という考え方をしっかり理解しておくのだ。

世界各地での天体の見え方

　地球上から見た天体の動きは、緯度によって異なって見えます。各地の天体の動きを見てみましょう。
※ここでの「春分の日」・「夏至の日」・「秋分の日」・「冬至の日」は北半球を基準としています。

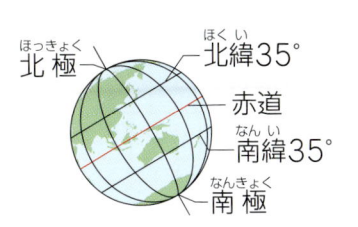

北極（北緯90°）

【太陽の動き】

　北極では、太陽は**左から右**に真横に動いて見えます。春分の日に地平線上にあった太陽は、夏至の日に向かって高度が上がり、夏至の日に最高高度（23.4°）になります。その後高度が下がっていき、秋分の日には地平線上にきます。そして、次の春分の日まで太陽は地平線の下にあり1日中夜が続きます。

【星の動き】

　北極では、北極星は**天頂**に見えます。星はすべて北極星のまわりを**反時計回り**に動きます。空の低い位置にある星を見ると、**左から右**に真横に動いて見えます。

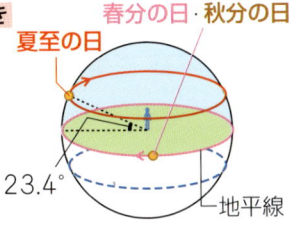

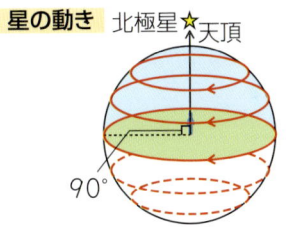

北緯35°

【太陽の動き】

　北緯35°の地点では、太陽は**東**の空からのぼって**南**の空を通り、**西**にしずみます。春分の日、秋分の日には**真東**からのぼり**真西**にしずみます。

【星の動き】

　北極星は、高度**35°**の位置に見えます。北の空の星は北極星のまわりを**反時計回り**に動きます。**東**からのぼった星は**南**の空を通り、**西**にしずみます。

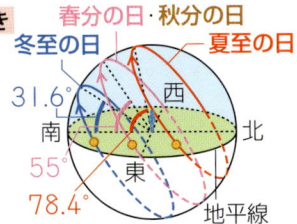

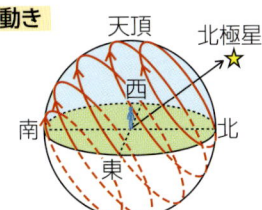

赤道上(緯度 0°)

【太陽の動き】
　太陽は，地平線に対して垂直にのぼり，垂直にしずみます。春分の日，秋分の日の最高高度は 90° です。1年を通して昼と夜の長さが同じです。

【星の動き】
　北極星は，地平線上の真北の方向に見えます。星は太陽と同じように，東から垂直にのぼり西に垂直にしずみます。

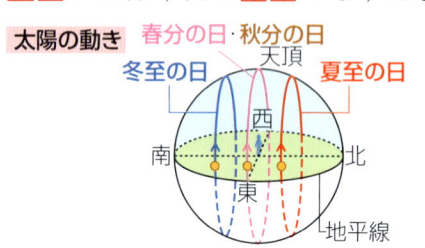

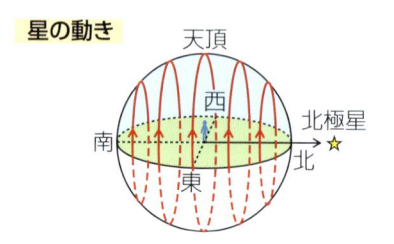

南緯 35°

【太陽の動き】
　南緯 35° の地点では，太陽は東の空からのぼって北の空を通り，西にしずみます。春分の日，秋分の日には真東からのぼり真西にしずみます。昼の時間は，夏至の日に最も短く，冬至の日に最も長くなるため，北半球と季節が逆になります。

【星の動き】
　北極星を見ることはできません。南の空の星は，天の南極を中心に時計回りに動きます。東からのぼった星は，北の空を通り，西にしずみます。

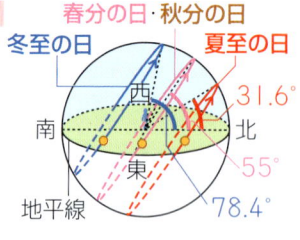

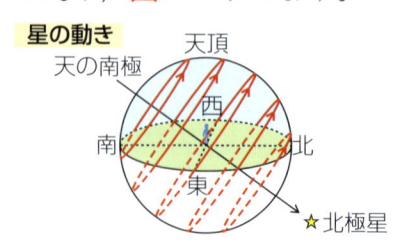

南極(南緯 90°)

【太陽の動き】
　南極では，太陽は右から左に真横に動いて見えます。春分の日には地平線上にあった太陽は高度がさらに下がっていき，秋分の日まで地平線の下にあります。その後，冬至の日に向かって高度が上がり，冬至の日に最高高度（23.4°）になります。その後高度が下がっていき，春分の日には地平線上にきます。

【星の動き】

　南極では，天頂に天の南極があります。星はすべて天の南極のまわりを時計回りに動きます。空の低い位置にある星を見ると，右から左の向きに真横に動いて見えます。

太陽の動き

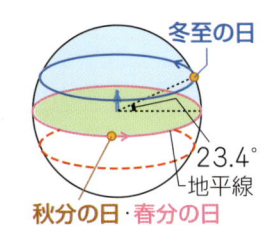

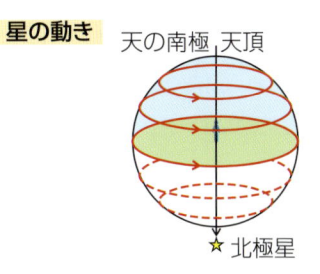

星の動き

　北極や南極で，一日中太陽がしずまない現象を「白夜」，一日中太陽がのぼらない現象を「極夜」とよぶのだ。北極や南極だけでなく，緯度が 90 − 23.4 = 66.6（°）よりも高い地域で見られるのである。

南半球での月の動き

　南極側から見ると，地球の自転や月の公転の向きは時計回りになります。

　南緯35°の地点に注目すると，月は東からのぼって北の空を通り，西にしずみます。また，月は，左から満ちていき，左から欠けていきます。北半球と南半球では，月の形は180°回転したように見えます。

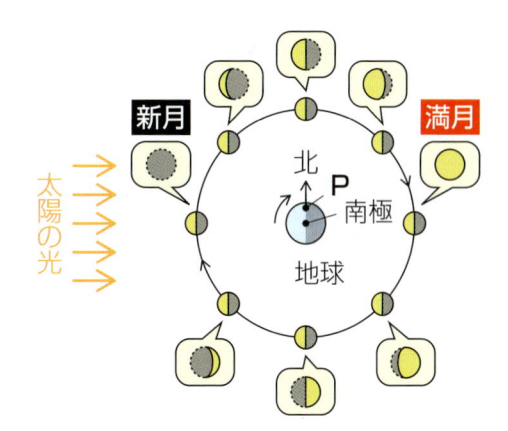

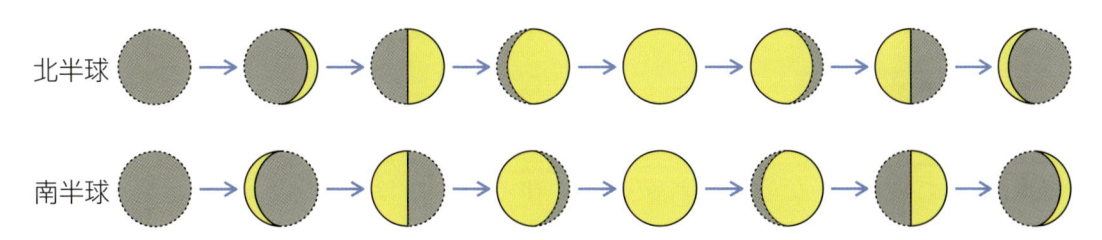

北半球

南半球

流水のはたらき ★★★

　水の流れには，地面のようすを変えるはたらきがあります。流れる水には，**しん食作用**，**運ぱん作用**，**たい積作用**の3つのはたらきがあり，それぞれのはたらきの大きさは，おもに水の**流速**によって決まります。

作用	はたらき	流速 速い	おそい
しん食作用	地面をけずるはたらき	大きい	小さい
運ぱん作用	けずりとった土や砂を運ぶはたらき	大きい	小さい
たい積作用	運んできた土や砂を積もらせるはたらき	小さい	大きい

　小石（れき），砂，ねん土（どろ）を川の中にしずめると，流れの速いところでは大きなつぶのものも流されますが，流れがおそいところではつぶの大きいものは流されず小さいもののほうが流されやすくなっています。

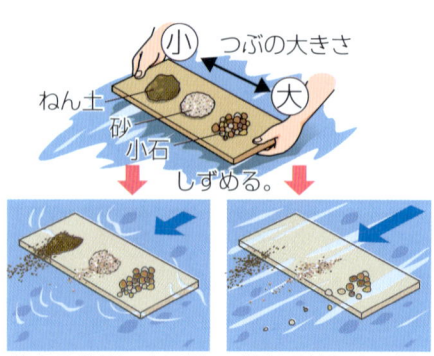

水の流れる速さ

　水の流れる速さは，**地面のかたむきや流れる水の量**などによって変わります。地面のかたむきが急なほど流れが**速く**，ゆるやかなほど流れが**おそく**なります。大雨などが降って流れる水の量が増えると，流れは**速く**なります。
　また，水の流れる道すじによって，流れの速い部分が変わります。水がまっすぐ流れている部分では，流れの**中央**が速く流れます。流れが曲がっているところでは，**外側**ほど速く流れます。

川底と川岸のようす

流れがまっすぐなところでは，川底は**中央部が深く**なり，川底にある石は**中央部ほど大きく**なっています。

流れが曲がっているところでは，川底は流れの速い**外側**ほど**深く**，川底にある石は**外側の方が大きく**なっています。川岸は，外側はけずられて**がけ**になっていることが多く，内側は流れがおそいので土砂がたい積し，**川原**ができています。

流れがまっすぐなところ		
深さ	浅い ← 深い → 浅い	
石	小さい ← 大きい → 小さい	

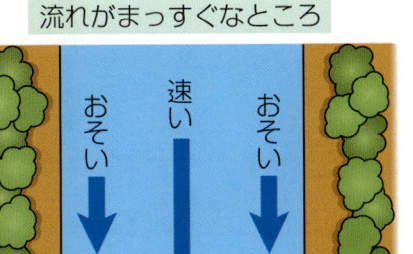

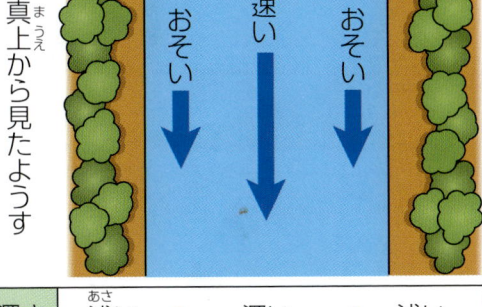

流れが曲がっているところ	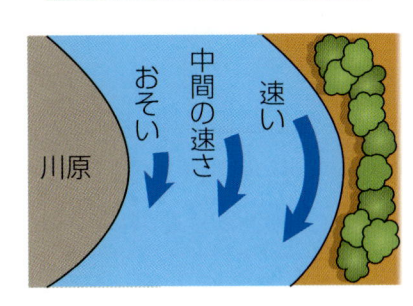
深さ	浅い ←→ 深い
石	小さい ←→ 大きい

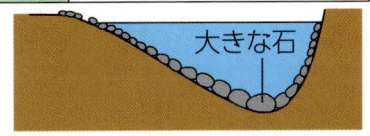

> 水の量が多くなることでも，流速が速くなって，しん食作用が大きくなるのだ。流れがまっすぐなところでは，みぞのはばが大きくなり，曲がっているところでは，曲がり方が大きくなるのである。

❗入試問題では…（西大和学園中学校・改）

右の図のような形の川がありました。
問1：図の**ア～ウ**で，川の深さの最も浅い場所を1つ選び記号で答えなさい。
問2：図の**ア～ウ**で，底に沈んでいる石が最も大きい場所を1つ選び記号で答えなさい。

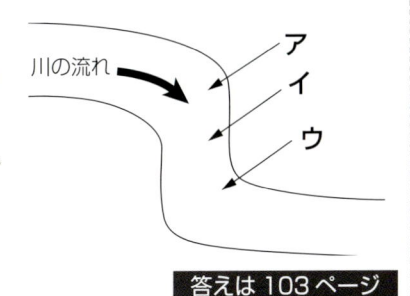

答えは103ページ

川 ★★★

　山に雨が降ると，雨水は地面にしみこんだり，低いところに集まって小さな流れとなったりします。小さな流れは，ほかの流れや地面にしみこんだ水といっしょになって，しだいに大きな川となり，海まで流れていきます。

　川底のかたむきは，ふつう山の上ほど急で，海に近づくにつれゆるやかになっていきます。山を流れ，かたむきが急な部分を上流，海の近くでかたむきがほとんどない部分を下流，間の部分を中流といいます。

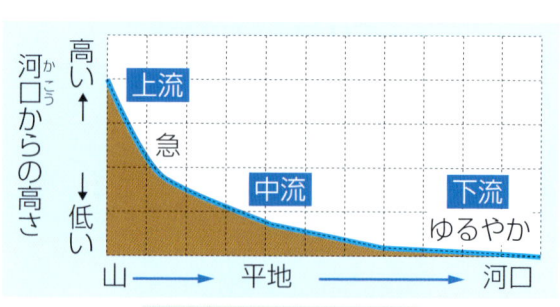

川のかたむきのようす

川の上流のようす

　上流では，かたむきが急なため流速が速く，しん食作用が大きくなっています。そのため，山の斜面は深くけずられています。水の量はそれほど多くなく，川はばはせまいのがふつうです。たい積作用はあまりないため，川原はできず，両岸にはがけが見られることが多くなっています。けずり取られたばかりの，大きくごつごつした石が見られます。

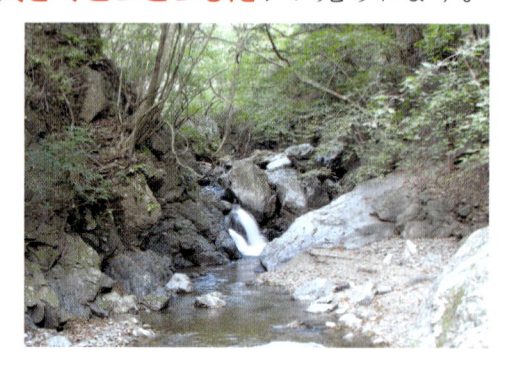

川の中流のようす

　山のふもとは平地になっていることが多く，川底のかたむきはゆるやかになり，流速は上流よりおそくなります。また，ほかの山から流れてきた川が合流し，水の量が増えます。川岸には石や砂がたい積した川原が見られます。石は，流されるとちゅうで川底やほかの石とこすれあい，角が取れて丸みをおび，小さくなっています。

地質　流れる水のはたらき

川の下流のようす

　海の近くになると，さらにたくさんの川と合流して水の量が増え，川はばが広くなります。かたむきはとてもゆるやかになり，流速は中流よりもおそくなります。そのため，たい積作用が大きくなり，運ばれてきた石や砂がどんどん積もって，広い川原（はこ）ができます。石は，流されるとちゅうでさらに小さくなり，砂やねん土（どろ）になっています。また，角はすっかり取れて丸いものが多くなっています。

	上流	中流	下流
川のかたむき	急	←——→	ゆるやか
流速	速い	←——→	おそい
水の量	少ない	←——→	多い
川はば	せまい	←——→	広い
石の大きさ・形	大きく，角ばっている　岩	←——→　小石	小さく，丸みをおびている　砂やねん土
しん食作用	大きい	←——→	小さい
運ぱん作用	大きい	←——→	小さい
たい積作用	小さい	←——→	大きい
おもなはたらき	しん食作用	運ぱん作用	たい積作用

51

V字谷 ★☆☆

V字谷は，川の上流で見られる地形です。断面が「V」のように見える深い谷になっています。

川の上流ではかたむきが急で流速が速いため，しん食作用が大きく，川底が深くけずられることによってできます。

＋プラスワン
V字谷と似たような地形に，U字谷があります。U字谷は断面が「U」のように見える谷で，谷にできた氷河が地面をけずることによってできます。

扇状地 ★★☆

扇状地は，川が山の谷間から平地に出るところにできる地形です。扇形に広がっています。

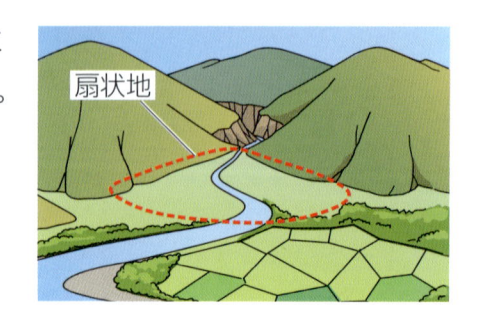

平地に出るところでは，川のかたむきが急にゆるやかになるため流速がおそくなり，たい積作用が大きくなります。すると，運ばれてきた小石や砂がたい積し，扇形の地形になります。

扇状地にたい積しているつぶは，比較的大きいものが多いため，水がしみこんで地下水となって流れていることも多く，扇状地が終わる部分でわき出し，泉となることがあります。

三角州 ★★☆

　三角州は，大きな川の河口に見られる地形です。デルタともいい，大きな三角形をしています。

　河口では，川底のかたむきがほとんどなく，流速が非常におそくなるため，たい積作用が非常に大きくなります。すると，運ばれてきた砂やねん土がたい積し，三角形の土地ができます。

> 三角州は，海水の流れでけずられるため，必ずしも三角形になっているとは限らないのである。

三日月湖 ★☆☆

　三日月湖は，川のはたらきでできた，三日月形をした湖です。

　中流や下流の川が曲がっている部分では，外側の川岸がしん食作用によってけずられ，内側にはたい積作用によって石や砂がたい積するため，川の曲がり方がどんどん大きくなっていきます。そこへ，大雨などにより洪水が起こると，川岸がくずれて新しくまっすぐな流れができることがあります。すると，大きく曲がっていた部分が取り残され，三日月形の小さな湖になります。

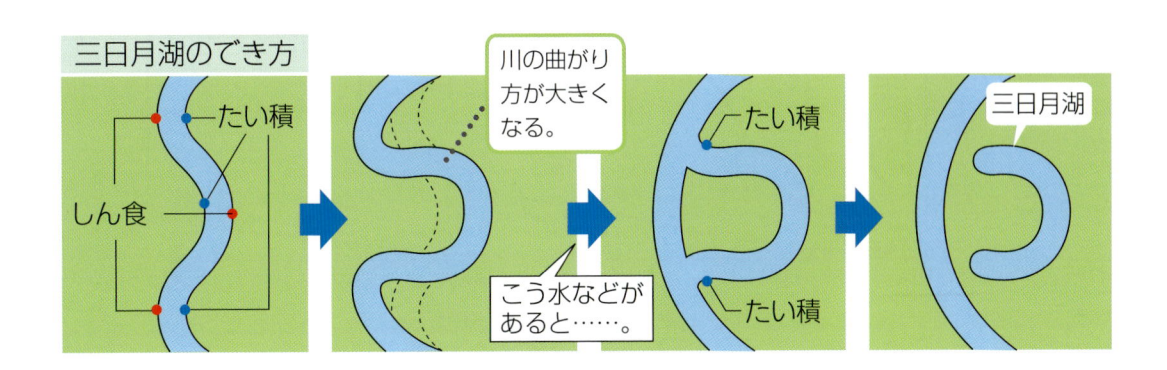

三日月湖のでき方

洪水 ★☆☆

日本は海の近くまで山があることが多く、かたむきが急で流れが速い川が多いです。そのため、台風などで大雨が降ると川が増水してあふれ、洪水が起こりやすくなっています。

洪水が起こると、田畑や家、道路などが水につかり大きなひ害が出ます。

洪水への備え

洪水を防ぐために、いろいろな対策が行われています。

- 堤防：川岸に土手を作ったり、コンクリートで固めたりして、川があふれないようにします。
- ダム：降った雨水をためることで川の水の量を調節し、洪水を防ぎます。
- 地下調節池：地下に作った調節池で、水の量が増えたときに、地下に川の水を流して洪水を防ぎます。

堤防

ダム

＋プラスワン

日本は山地が多く平野が少ないため、川底のかたむきが急な川が多くあります。世界の川と比べてみると、そのちがいがよく分かります。

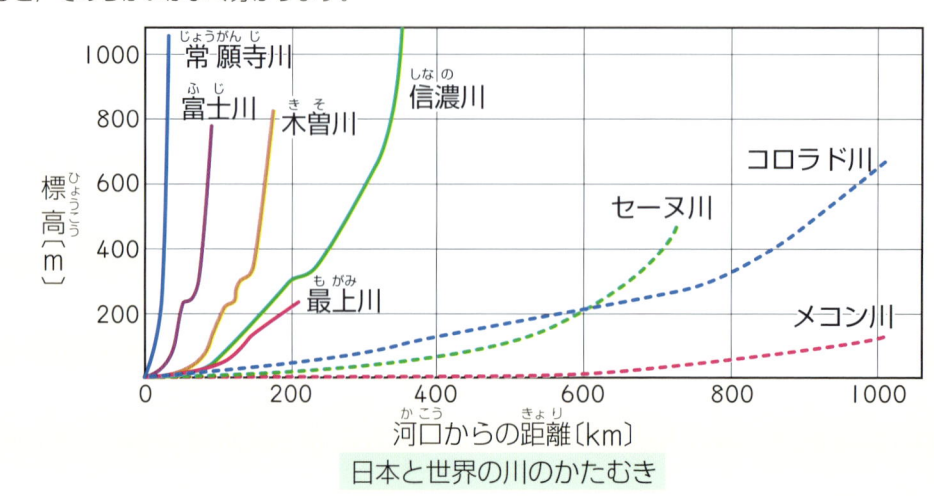

日本と世界の川のかたむき

河岸段丘 ★☆☆

　河岸段丘は，土地が**隆起**することによってできる地形です。平らな部分と，かたむきが急ながけが階段のように交互に現れます。

　川が流れているところに，たい積作用によって川原ができます。土地が隆起すると，しん食作用が大きくなり，川底がけずられ，以前よりも低いところを川が流れるようになります。すると，新しい川原ができ，以前の川原が平らな部分（段丘面）として残ります。

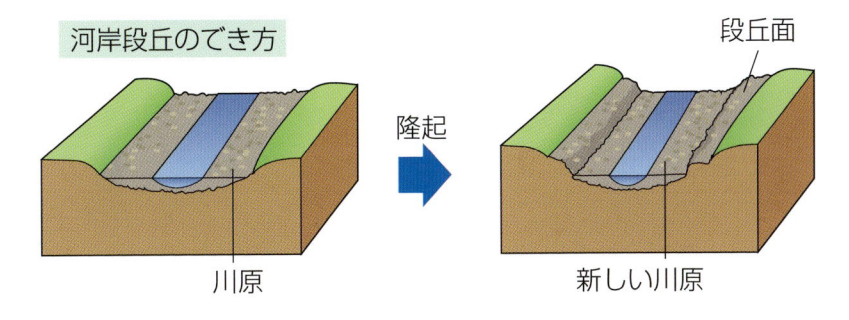

河岸段丘のでき方

川原 →隆起→ 新しい川原／段丘面

> 川ではなく，海岸付近の平らな土地が隆起し，海ぎわが波によってしん食されることで階段状になった「海岸段丘」という地形もあるのだ。

＋プラスワン

河岸段丘は，土地が隆起してできる地形ですが，土地が沈降してできる地形もあります。リアス海岸（リアス式海岸）は，山が多いところが沈降して海にしずむことでできた，複雑な海岸線をもつ地形です。

リアス海岸のでき方

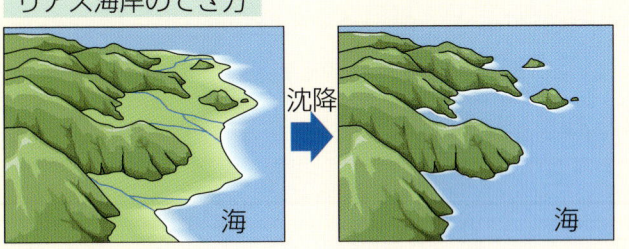

海 →沈降→ 海

地層 ★★★

川の流れなどによって運ばれてきた土砂が、海底にたい積し、それが積み重なって固まったものを地層といいます。火山のふん火によって、火山灰が海底や陸上にたい積することでできる地層もあります。

地層は、土砂が上に積み重なってできるので、ふつうは上にある層ほど新しいといえます。

流水のはたらきによってできる層

川の流れで運ばれてくるのは、おもに小石（れき）、砂、ねん土（どろ）などです。これらのつぶは、流れで運ばれてくる間に角が取れ、丸まっています。また、これらのつぶは、大きさによって水中をしずむ速さが異なります。

	つぶの大きさ（直径）	しずむ速さ	底にしずむまでに運ばれる距離
小石（れき）	大きい（2mm以上）	速い	短い（河口に近い）
砂	中間（0.06～2mm）		
ねん土	小さい	おそい	長い（河口から遠い）

※直径が0.06mm以下のものをどろ（泥）といい、どろの中でもつぶの大きなものをシルト、小さなものをねん土という。

土砂が河口から流れこむとき、つぶが大きく重いものほど河口の近くにたい積し、つぶが小さく軽いものほど河口からはなれたところにたい積します。このように、しずむ速さがちがうために、河口に近い順に小石→砂→ねん土とふり分けられてたい積します。

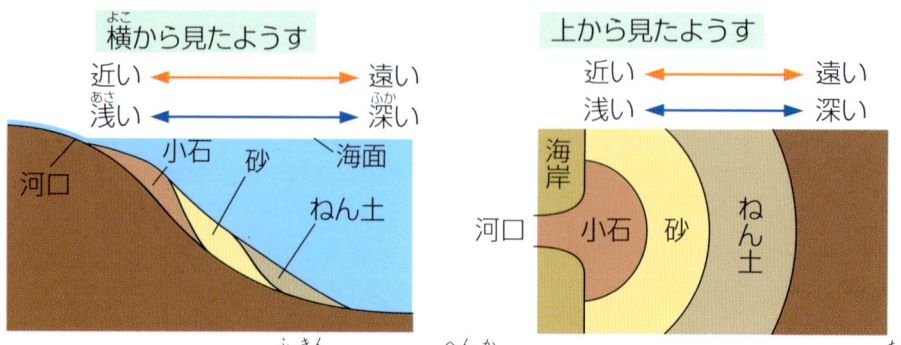

長い年月の間には、河口付近の土地が変化することもあります。海面に対して土地が高くなることを隆起、土地が低くなることを沈降といいます。

隆起すると，それまでねん土がたい積していた場所は，河口に近くなるため，それまでよりも大きなつぶがたい積するようになります。逆に，沈降すると，河口から遠くなるため，それまでよりも小さなつぶがたい積するようになります。このように，たい積するつぶの種類が異なることで，地層がしまもように見えます。

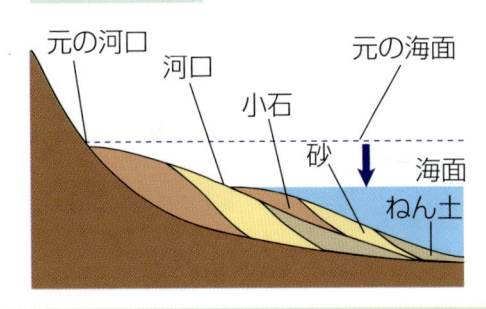

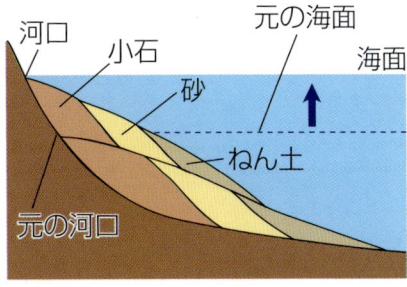

隆起したとき
元の河口／河口／小石／砂／元の海面／海面／ねん土

沈降したとき
河口／小石／砂／元の海面／海面／ねん土／元の河口

> 土地の変化のほか，川の流れの速さが変化することでも，たい積するつぶが変化することがあるのだ。流速が速くなると，大きなつぶも河口からはなれた場所まで運ばれるので，それまでよりも大きなつぶが，流速がおそくなると，より河口の近くにたい積するので，それまでよりも小さなつぶがたい積するのである。

火山のはたらきによってできる層

大きな火山がふん火すると，大量の火山灰がふき出されます。火山灰は非常に細かく，風に乗って広いはん囲に運ばれます。これが海底や陸上にたい積して火山灰の層ができることがあります。

火山灰は流水のはたらきを受けていないので，つぶは角ばった形をしています。日本では，赤土である関東ローム層や，白っぽい色をしたシラス台地（鹿児島県・宮崎県）などが火山灰の層です。

＋プラスワン
日本の上空には，偏西風（西から東に向かう風）がふいているので，火山灰の層は，ふつう火山の東側が厚くなります。

❗入試問題では…（駒場東邦中学校・改）
問：右の図のように3種類の地層が重なっていくとき，水底の深さはどのように変化しましたか。

でい岩の地層
黒色の粘土がかたくなっていた。

砂岩の地層
貝の化石や炭のようになった木片や草の茎の化石が混じっていた。
アンモナイトの化石が入っていた。

れき岩の地層
いろいろな大きさの丸みを帯びた小石がたくさん入っていた。小石どうしの間は砂だった。

答えは103ページ

ボーリング ★★☆

地下のようすを知るために，地面に穴をほって長い棒状に地層をほり出す作業のことを**ボーリング**といいます。また，ボーリングでほり出した土や岩石を**ボーリング試料**といいます。

ボーリングのようす

地表
地層

ボーリング試料

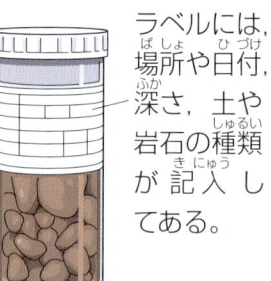

ラベルには，場所や日付，深さ，土や岩石の種類が記入してある。

ボーリング試料などをもとに，地層のようすを柱状に表したものを**柱状図（地質柱状図）**といい，地表からどのくらいの深さにどんな地層があるかがわかります。

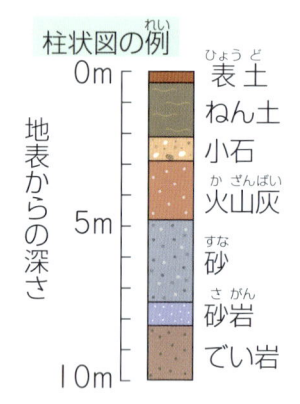

柱状図の例

地表からの深さ

- 0m 表土／ねん土
- 小石
- 火山灰
- 5m 砂
- 砂岩
- 10m でい岩

＋プラスワン

ボーリングを行わなくても，切り通しや，自然にできたがけなどで地層を観察することができます。地層の調査を行うときには，次のような準備をしていくとよいでしょう。

【服装】ぼうし，長そでの服，長ズボン，運動ぐつ
【持ち物】記録用紙，軍手，虫眼鏡，巻尺，スコップ，ビニルぶくろ，油性ペン　など

整合

　地層が，たい積した順序のまま連続して積み重なっていることを，整合といいます。整合の場合，それぞれの層はほぼ平行に重なっています。

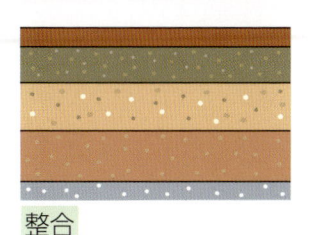

整合

不整合

　地層の中で，たい積が連続していない部分がある場合，連続していない部分より上の地層と下の地層との重なり方を不整合といいます。また，連続していない面を不整合面といいます。
　不整合面は，多くの場合おうとつがあります。

不整合

不整合の地層は，土地が隆起したり沈降したりすることが原因でできます。

不整合の地層のでき方

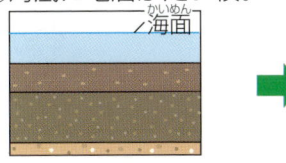

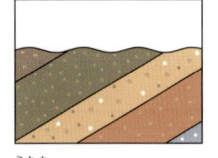

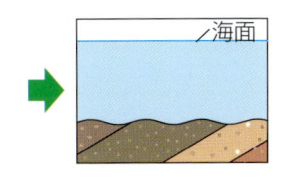

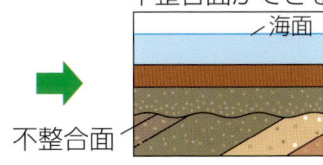

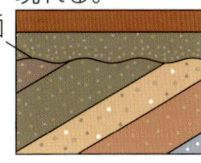

①海底に地層がたい積。
②隆起して陸上に現れる。
③陸上でしん食される。
④沈降して海底となる。
⑤上部に地層がたい積。不整合面ができる。
⑥再び隆起して陸上に現れる。

しゅう曲 ★☆☆

地層に、横から**おす力**が加わり、地層が大きく波打ったように曲がることがあります。これをしゅう曲といいます。

しゅう曲した地層の一部を見ると、地層が**かたむいて**いたり、地層の**上下が逆転**していたりすることがあります。

＋プラスワン

地層の上下が逆転しているかどうかは、次のような場合に判断できます。地層をつくっている1つの層の中でも、つぶの大きさにちがいがあることがあり、ふつうはつぶの大きいものが速くしずみます。そのため、大きなつぶが層の上にある場合、その層の上下は逆になっていると考えられます。また、貝などがほった穴のあとが地層に残っている場合、その穴が上向きにのびていれば、その層の上下は逆になっていると考えられます。

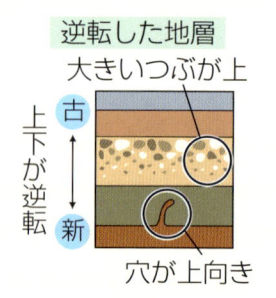

逆転した地層
- 大きいつぶが上
- 穴が上向き
- 古 ↕ 新 上下が逆転

断層 ★★★

一部分で切れてずれている地層のことを、断層といいます。断層は、横から**引っぱる力**が加わってできる**正断層**と、**おす力**が加わってできる**逆断層**があります。

正断層
断層面の上側の地層が落ちこむ。
断層面
引っぱる力

逆断層
断層面の上側の地層がずり上がる。
おす力

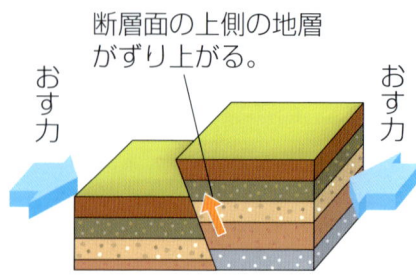

断層をはさんで同じ高さの地層を比べたときに、断層の上側の地層が新しければ「正断層」、古ければ「逆断層」なのだ。

今後も活動する可能性が高い断層を**活断層**といいます。活断層の付近では、**地震**が起こりやすくなっています。

たい積岩 ★★☆

　地層が，長い年月の間に重みでおし固められてできた岩石を，たい積岩といいます。

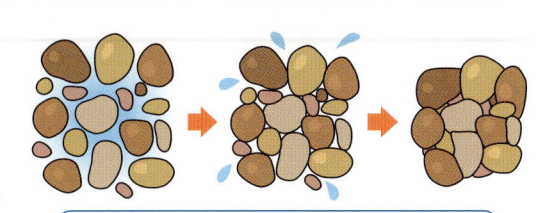

　たい積岩には，川の水によって運ばれた土砂がたい積してできる，れき岩，砂岩，でい岩などや，生き物の死がいなどがたい積してできる石灰岩，火山灰がたい積してできるぎょう灰岩などがあります。

　たい積岩の中から化石が見つかることもあります。

> 上に積もったものの重みですき間がうまったり，水分がおし出されたりして，岩石になる。

れき岩 ★★☆

　れき岩はたい積岩の一種で，小石（れき）の間に砂などが入りこんで固まった岩石です。丸い形の大きなつぶがふくまれることから見分けることができます。小石がはがれやすく，もろい岩石です。

砂岩 ★★☆

　砂岩はたい積岩の一種で，砂が固まった岩石です。つぶの大きさはそろっていて，やわらかく，けずりやすいものが多いです。

でい岩 ★★☆

　でい岩はたい積岩の一種で、**ねん土（どろ）**が固まってできた岩石です。つぶは小さく、きめのこまかい岩石です。そのため、水を通しにくく、**地下水**などはでい岩の層の上にたまることがあります。

　でい岩がさらに強くおし固められると、**ねんばん岩**となります。ねんばん岩は、習字のすずりなどの材料になり、**平らにはがれやすい**性質があります。

ねんばん岩

ぎょう灰岩 ★★☆

　ぎょう灰岩は、火山のふん火によって陸上や海底に降り積もった**火山灰の層**がおし固められてできたものです。
　流れる水のはたらきを受けていないため、ふくまれるつぶは**角ばっています**。小さな軽石などがふくまれる場合もあります。

> ぎょう灰岩は、火山のはたらきによってできる岩石なのだが、たい積作用に注目して、ふつうはたい積岩の一種とされるのだ。

石灰岩 ★★★

　石灰岩は，海水にふくまれる炭酸カルシウム（石灰）や，炭酸カルシウムをふくむ生物の死がいがたい積してできます。白っぽい色をしており，非常にきめが細かい岩石です。

　炭酸カルシウムをふくむ生物には，サンゴやフズリナ，貝などがいます。これらの化石がふくまれることもあります。
　石灰岩にうすい塩酸をかけると，とけて二酸化炭素を発生します。

＋プラスワン
石灰岩でできた山や地下にできた洞窟のことを「しょう乳洞」といいます。
しょう乳洞は雨水が少しずつ石灰岩をとかすことでできます。雨水は，空気中の二酸化炭素がとけこむために酸性になっており，この雨水が石灰岩地帯にしみこむと，少しずつ石灰岩をとかしていきます。そのようにして長い年月がたつと大きな穴ができます。

＋プラスワン
石灰岩が地下深くでマグマなどの熱により変性したものを，大理石といいます。
このように，マグマの熱や強い圧力によって性質が変わってできる岩石を「変成岩」といいます。

大理石

化石 ★★☆

　地層ができるときに、生物の死がいや巣のあとなどがそのまま地層の中に残ることがあります。これらが長い年月をかけて石のようになったものを化石といいます。

　多くはたい積岩の中から見つかります。化石が見つかると、その地層ができた当時のようすを知る手がかりになります。

化石をふくんだ地層

　化石には、当時の自然環境などがわかる示相化石と、地層ができた時代がわかる示準化石があります。

> **＋プラスワン**
> 石炭や石油、天然ガスなどは、大昔の生物の死がいが、地層の重みや熱によって変化してできたものです。そのため、これらの燃料は「化石燃料」とよばれます。

示相化石 ★★☆

　示相化石は、地層ができた当時の気候や環境を知る手がかりになる化石です。示相化石となるのは、住む環境が限られている生物の化石です。

サンゴの化石

- サンゴの化石：あたたかく浅い海であったことがわかります。
- アサリ、ハマグリの化石：浅い海であったことがわかります。
- シジミの化石：河口付近の淡水と海水が混ざったところ、または湖の底であったことがわかります。

地質　化石

示準化石 ★★☆

　示準化石は，地層ができた時代を知る手がかりになる化石です。示準化石となるのは，地球の歴史のある一時期だけ栄え，その後絶滅したり数が少なくなったりした生物の化石です。

ビカリアの化石

　地球の歴史を大きく分けると，古いほうから，先カンブリア時代→古生代→中生代→新生代の4つの時代に分けられています。これを，地質時代といいます。それぞれの時代にだけ生きていた生物の化石が示準化石となります。

時代	先カンブリア時代	古生代	中生代	新生代
	約6億年前	約2億5000万年前	約6500万年前	
示準化石	化石はあまりない。	フズリナ / サンヨウチュウ	アンモナイト / きょうりゅう	ビカリア / マンモス（人類が登場した。）

おもな示準化石

❗入試問題では…（吉祥女子中学校・改）

問1：ボーリング調査の結果，ある地層からサンヨウチュウの化石が見つかりました。サンヨウチュウが生きていた地質時代としてもっとも適当なものを次のア〜ウから一つ選び，記号で答えなさい。
　ア　新生代　　イ　中生代　　ウ　古生代

問2：サンヨウチュウと同じ地質時代に生きていた生物としてもっとも適当なものを次のア〜エから一つ選び，記号で答えなさい。
　ア　フズリナ　　イ　マンモス　　ウ　アンモナイト　　エ　シソチョウ

問3：サンヨウチュウの化石のように，その地層がどの地質時代にできたのかを決める手がかりとなる化石をまとめて何と言いますか。

答えは103ページ

火山 ★★★

ふん火によって、火山灰やよう岩（溶岩）をふき上げる山を火山といいます。火山には、現在もふん火を続けているものや、ふん火した記録がなくても、山のつくりから火山だと判断できるものがあります。

過去1万年以内にふん火したことがわかっている火山や現在活動している火山を活火山といいます。

火山のふん火

火山のつくり

地球内部のマントルの上部では、ところどころに岩石が高温となってとけたマグマがあります。マグマが地表近くまでのぼってくると、マグマだまりができます。

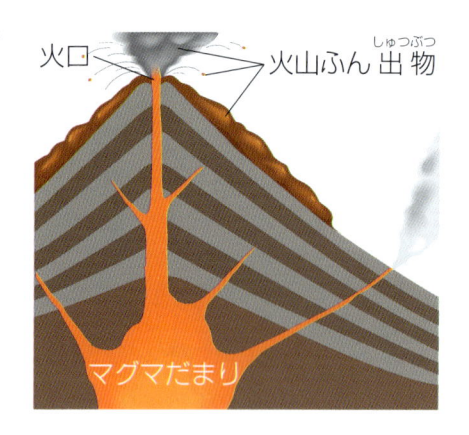

火口／火山ふん出物／マグマだまり

マグマにふくまれているガスの圧力が高くなると、マグマが岩石のすき間からふきでたり、まわりの岩石をふきとばしたりしてふん火が起こります。マグマの出口を火口といいます。

＋プラスワン

火山の近くには、温泉が多くあります。これは、地下のマグマの熱によって地下水が熱せられ、地上に出てきたものです。
また、マグマによって熱せられた水や水蒸気は、地熱発電にも利用されています。

火山ふん出物

火山がふん火した時に出てくるものを，**火山ふん出物**といい，次のようなものがあります。

- **よう岩**：火口から流れ出たマグマや，マグマが冷え固まったものです。
- **火山ガス**：火山から出る気体です。大部分は水蒸気で，二酸化炭素や二酸化いおうなどがふくまれます。
- **火山さいせつ物**：火口からふき飛ばされたよう岩の破片などです。大きさや形によって分けられ，**火山灰**，火山れき，火山弾などがあります。火山灰は非常に細かいため，風に乗って広はん囲にたい積して**火山灰の層**を作ることがあります。

> 岩石がどろどろにとけたものがマグマで，マグマが地上に出てくると，とけた状態のものも，冷えて固まったものもよう岩とよぶのである。まぎらわしいので注意が必要なのだ。

マグマの成分と火山

マグマのおもな成分は**二酸化ケイ素**です。二酸化ケイ素の割合が多いほど，マグマの**ねばりけが強く，流れにくく**なり，冷え固まったときには**白っぽく**なります。マグマのねばりけは，ふん火の仕方や火山の形に大きくえいきょうします。

マグマの成分と火山

マグマのねばりけ	強い		弱い
火山の形	おわんをふせたような形	円すい形	平たい形
ふん火のようす	ばく発的なふん火		おだやかなふん火
冷えたよう岩の色	白っぽい		黒っぽい
日本の火山の例	有珠山（昭和新山） 雲仙岳（普賢岳）	富士山 桜島	伊豆大島（三原山） 三宅島（雄山）

日本のおもな火山

日本には多くの火山があります。

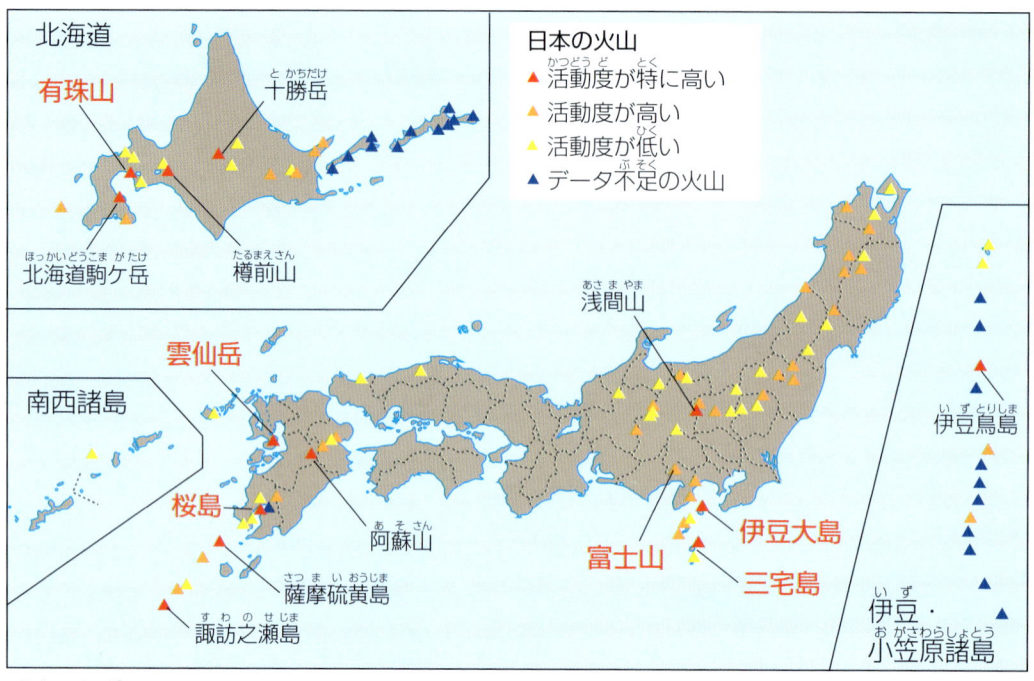

日本の火山
- ▲ 活動度が特に高い
- ▲ 活動度が高い
- ▲ 活動度が低い
- ▲ データ不足の火山

（地図：北海道——有珠山、十勝岳、北海道駒ケ岳、樽前山／南西諸島——雲仙岳、桜島、阿蘇山、薩摩硫黄島、諏訪之瀬島／本州——浅間山、富士山、伊豆大島、三宅島／伊豆・小笠原諸島——伊豆鳥島）

特に活発に活動しているのは次のような火山です。

- **有珠山（昭和新山）**：畑がとつぜん盛り上がってきた火山です。
- **雲仙岳（普賢岳）**：1991年に大きなばく発をし、火さい流などのひ害が出ました。
- **富士山**：日本一高い山です。江戸時代にも大ふん火をしました。**関東ローム層**には富士山の火山灰もふくまれています。
- **桜島**：昔は島でしたが、ばく発をくり返し、現在では大隅半島（鹿児島県）につながっています。
- **伊豆大島（三原山）**：島全体が火山で、たびたびふん火をくり返しています。
- **三宅島（雄山）**：2000年にふん火し、有毒な火山ガス（二酸化いおう）が大量にふん出しました。

❗入試問題では…（洛星中学校・改）

問1：ア～カの山から火山を3つ選び、記号で答えなさい。
- ア 阿蘇山
- イ エベレスト山（チョモランマ）
- ウ 桜島
- エ 大文字山
- オ 比叡山
- カ 三原山

問2：次の文のあ～うにあてはまる語を入れなさい。
　火山がふん火すると地下にあった高温の（あ）が（い）となって流れ出たり、（う）がふんえんとなって空高くふき上げられて遠くまで風で運ばれて降り積もって地層になったりします。

答えは103ページ

地質　火山のはたらき

火成岩 ★★☆

　マグマが冷え固まってできた岩石を火成岩といいます。火成岩は流れる水のはたらきを受けていないので，岩石をつくるつぶは角ばっています。
　火成岩は，マグマの冷え固まり方によって，深成岩と火山岩の2つに分けられます。また，もとになったマグマの性質によっても種類が分けられています。
　火成岩をつくるつぶを鉱物といい，無色鉱物のセキエイ，チョウ石や，有色鉱物（色のこいもの）のクロウンモ，カクセン石，キ石，カンラン石などがあります。

深成岩

　深成岩は，マグマが地下深くでゆっくりと冷え固まってできた岩石です。比かく的大きなつぶ（結晶）がかみ合ったつくりをしています。

結晶

ねばりけが強いマグマ ←――――――→ ねばりけが弱いマグマ
白っぽい ←――――――→ 黒っぽい

| 花こう岩 | せん緑岩 | はんれい岩 |

火山岩

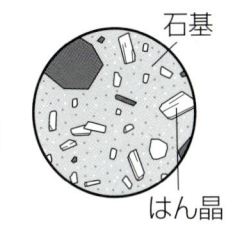

　ふん火によって地表に流れ出たり，地表近くまでのぼってきたりして急に冷え固まってできた岩石です。細かいつぶ（石基）の中に大きなつぶ（はん晶）が散らばったつくりをしています。

石基
はん晶

ねばりけが強いマグマ ←――――――→ ねばりけが弱いマグマ
白っぽい ←――――――→ 黒っぽい

| 流もん岩 | 安山岩 | 玄武岩 |

地震 ★★★

地震の原因

地震は，地下の岩石に大きな力がはたらき，岩石が破かいされることで起こります。日本付近で起こる大きな地震は，おもにプレートの境目で起こっています。

日本付近の地震の起き方

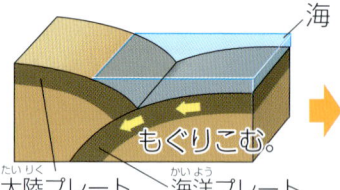

①海洋プレートが大陸プレートの下にもぐりこむ。

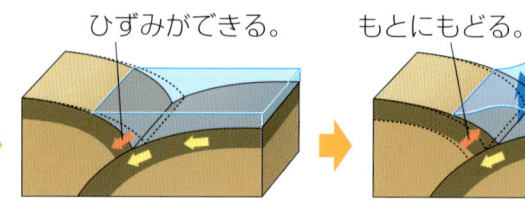

②大陸プレートが引きずられてひずみができる。

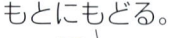

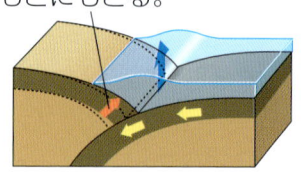

③ひずみがもとにもどるときにまわりの岩石が破かいされ地震が発生する。

地震の起こる場所

日本付近で地震が多く発生するのは，東海地方から関東，東北，北海道の**太平洋側**です。地震は地下の活動が盛んなところに多いため，地震の多い場所は**火山**が多くある場所でもあります。

地震の起こる場所と火山の分布

● : 地震の起こった場所　　▲ : 火山

地震が起こる深さは，太平洋側で浅く，日本海側へいくほど深いものが多くなっています。

震源の深さ

地震の表し方

　地下で地震が起こった場所を震源といい，震源の真上の地表の地点を震央といいます。また，震源から震央までの距離を震源の深さといいます。

　地震を観測した地点から震源までの距離を震源距離，震央までの距離を震央距離といいます。

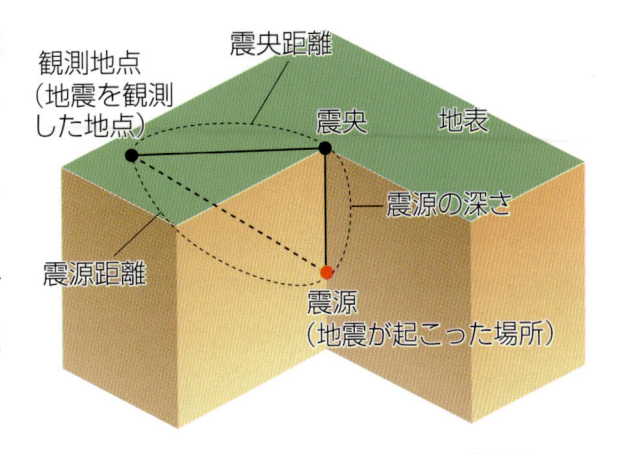

　地震によるゆれの程度を震度といい，0～7（5と6は弱と強の2段階）の10段階があります。震度は，同じ地震でも観測する地点によってちがう値になります。

　地震の規模（エネルギーの大きさ）は，マグニチュードで表されます。マグニチュードが1大きくなると，エネルギーは約32倍になります。マグニチュードの値は，1つの地震に対して1つです。

地震計

　地震のゆれは，地震計を使って記録します。

　地震によって地震計全体がゆれますが，おもりとおもりにつけた針はほとんど動かないため，記録できます。

　上下のゆれを記録するものと，左右のゆれを記録するもの（東西方向，南北方向の2つ）を合わせて使います。

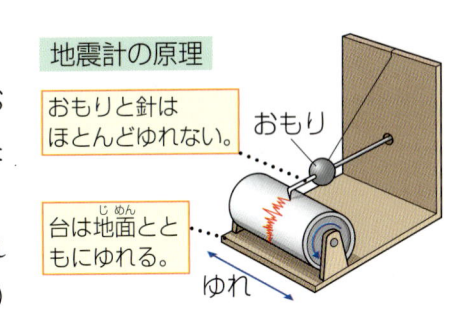

地震計の原理
おもりと針はほとんどゆれない。
おもり
台は地面とともにゆれる。
ゆれ

地震波 ★★☆

　震源で発生したゆれは，波としてすべての方向に伝わります。地震によって発生する波のことを，地震波といいます。地震波には，伝わるのが速いP波と，少しおくれて伝わるS波の2種類があります。

地震計の記録から見た地震のゆれ

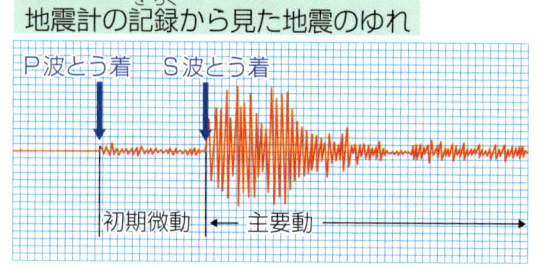

P波とう着　S波とう着
初期微動　主要動

　地震波がとう達した地点では，ゆれが始まります。P波によって最初に起こる小さなゆれを初期微動，その後S波によって起こる大きなゆれを主要動といいます。

> ★ P波は6～8km／秒，S波は3～5km／秒で伝わるのだ。入試問題では，表やグラフからP波とS波の伝わる速さを求めさせる問題がよく出るので，大体の数字をわかっておくと，計算結果が大きくまちがっていないかどうか判断できるのである。

初期微動けい続時間

　初期微動が始まってから主要動が始まるまでの時間を初期微動けい続時間（PS時間）といいます。初期微動けい続時間は，震源距離に比例して長くなります。

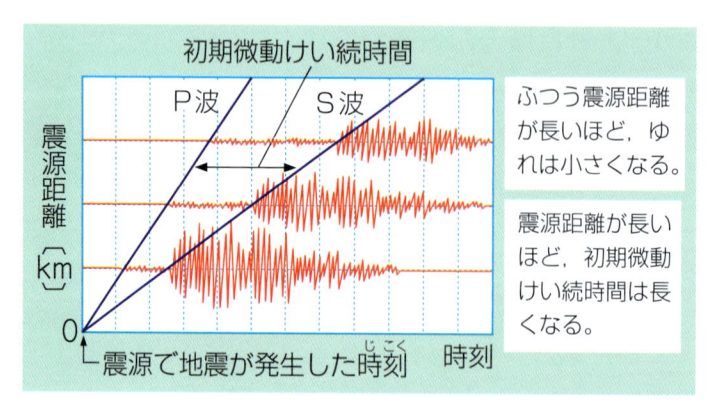

震源距離〔km〕　P波　S波　初期微動けい続時間
震源で地震が発生した時刻　時刻

ふつう震源距離が長いほど，ゆれは小さくなる。

震源距離が長いほど，初期微動けい続時間は長くなる。

＋プラスワン
緊急地震速報は，地震が発生した直後に，震源に近い観測地点のデータを解せきして震源やマグニチュードを推定し，各地での主要動のとう達時刻や震度を予測し，知らせるものです。
震源からはなれた地点では，主要動が始まるまでに十秒～数十秒の時間があるところもありますが，震源の近くではP波とS波のとう達時刻の差が小さいため，速報が間に合わない場合もあります。

津波 ★★☆

　海底で大きな地震が発生すると，断層の動きによって，海底が隆起もしくは沈降します。この海底の動きによって海面も動き，大きな波となって伝わっていくのが津波です。
　津波が伝わる速さは非常に速く，また，水深の深いところほど速く伝わります。そのため，陸地に近づき水深が浅くなると，進み方がおそくなり，次々と後ろから来る波が追いついて，大きな波になります。

津波のひ害

> **＋プラスワン**
> 津波がとう達したときの高さは，地形とも関係しています。おくに行くほどせばまった湾などでは，波が集まっていくために高くなります。

液状化現象 ★☆☆

　液状化現象は，地震などのゆれによって，地下水の多い砂地などで，地面が急に液体のようになる現象です。液状化ともいいます。
　三角州やうめ立て地などで起こりやすく，建物がしずんだり，下水管がうき上がったりすることがあります。

液状化現象のしくみ

建物
下水管
地震などで土地がゆさぶられる。

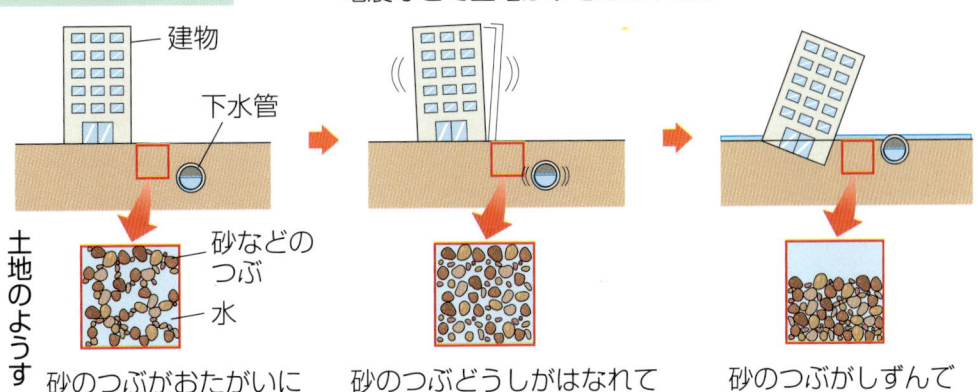

土地のようす
砂などのつぶ
水

砂のつぶがおたがいにくっついている。

砂のつぶどうしがはなれて水にういている状態になる。

砂のつぶがしずんで地面に水が出てくる。

地層の読み取り方

地層のようすから，その土地で起こったことを読み取ることができます。下の図のような地層があったとき，どのような土地の変化があったのかを考えてみましょう。

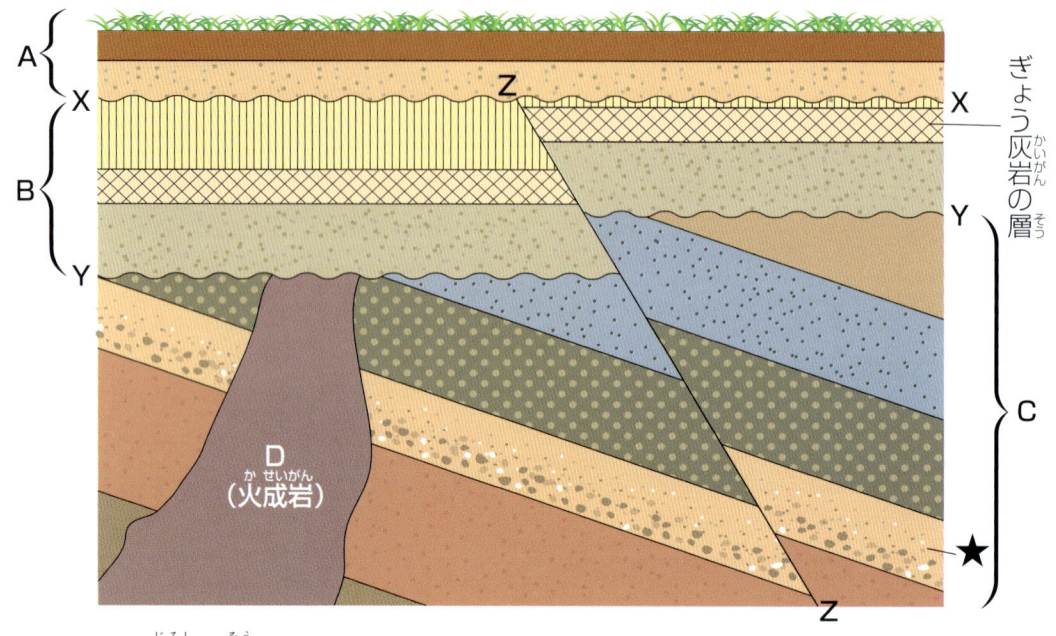

まず，★印の層を見ると，下のほうのつぶが大きく上のほうは小さくなっていることから，地層の上下は逆転していないことがわかります。よって，下のほうの地層ほど古いと考えられます。

次にCとDを見ると，Cの層をつらぬいてDが入りこんでいることから，Cの層がたい積したあとに，マグマが入りこんできてDの火成岩になったと考えられます。そしてYの面を見ると，Cの層とDがYの面でけずれていることから，Dができたあとに，土地が隆起して陸上でしん食されたことがわかります。

Yの面の上にはさらにBの層がたい積しているので，陸上でしん食された後，沈降して海底となり土砂がたい積したとわかります。

ZとXの面を見てみると，Zの面がXの面のところで切れていることから，Bの層がたい積したあとに大きな力が加わってZの断層面ができ，その後隆起して陸上でしん食されたことがわかります。

そして再び沈降して海底となりAの層がたい積し，隆起して現在のような地層になったと考えられます。

そのほか，この地層からわかることとしては，ぎょう灰岩の層やDの火成岩から，近くに火山があることなどがあります。

柱状図の見方

地質分野のまとめ

　柱状図によって，その土地の地層がどのようになっているかを知ることができます。下の図のように5か所の地点でボーリングを行い，作成した柱状図から，この土地の地層のようすを考えてみましょう。

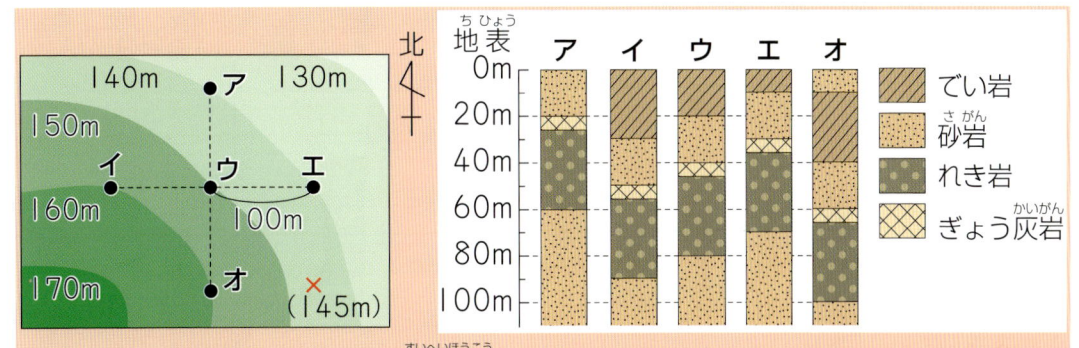

※ア，イ，エ，オは，ウからそれぞれ水平方向に100mはなれた地点です。またこの土地の地層は，上下の逆転や断層，しゅう曲がないとします。

　柱状図は地表からの深さで表されることが多いので，標高に合わせて柱状図を並べるとわかりやすくなります。

　イ，ウ，エを見てみると，各層は水平に並ぶことから，東西方向では地層は**かたむいていない**ことがわかります。

　オ，ウ，アを見てみると，層が**南**にいくにしたがって下がっていることがわかります。さらに，オ，ウ，アは水平方向に100mずつはなれているので，かたむき方は，**南**へ100mいくごとに**10m**低くなるということもわかります。

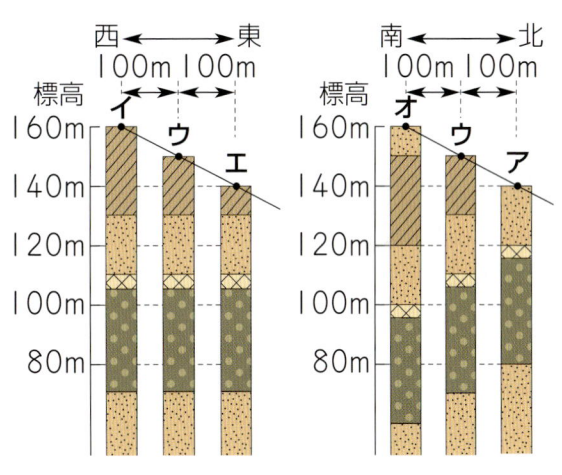

　地層のかたむきがわかることで，この地域のほかの地点の地下のようすも推測することができます。地形図の×の地点（エから南へ水平方向に100mはなれた地点）では，何mほるとぎょう灰岩の層が出てくるか考えてみましょう。

　エでは，30mの深さ，つまり標高110mのところにぎょう灰岩の層があります。地層は南へ100mいくと10m低くなっているので，×の地点では，標高100mのところにぎょう灰岩の層があるとわかります。×の地点の標高は145mなので，145－100＝45（m）ほるとぎょう灰岩が出てきます。

気温 ★★★

空気の温度は，条件によって変わるため，次のような条件ではかった空気の温度のことを気温といいます。

- 地面から1.2～1.5mの高さ。
- **直射日光が当たらない**。
- **風通しがよい**。

気温は温度計ではかります。温度計の目盛りは，液面を**真横から**読み取ります。

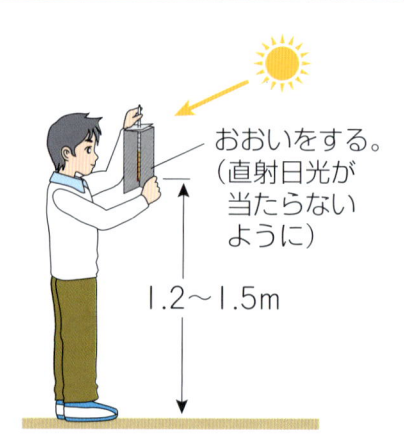

> 気温を測定する条件は，しっかり覚えておくのだぞ。直射日光が当たらないようにするのは，温度計が太陽の熱で直接あたためられるのを防ぐためなのだ。

1日の気温の変化

天気によって，1日の気温の変化に特ちょうがあります。

【晴れの日】

日の出前が最低，**午後2時ごろ**が最高になります。昼は太陽光が地面にたくさん届くので気温はよく上がり，夜は熱がたくさん宇宙ににげるので気温がよく下がり，最高気温と最低気温の**差が大きく**なります。

【くもりの日】

昼は**雲によって太陽光がさえぎられる**ため気温が上がりにくく，夜は**雲によって熱が宇宙へにげにくくなる**ので，最高気温と最低気温の差が晴れの日よりも小さくなります。

【雨の日】

くもりの日よりも雲が厚くなるので，最高気温と最低気温の差が**最も小さく**なります。

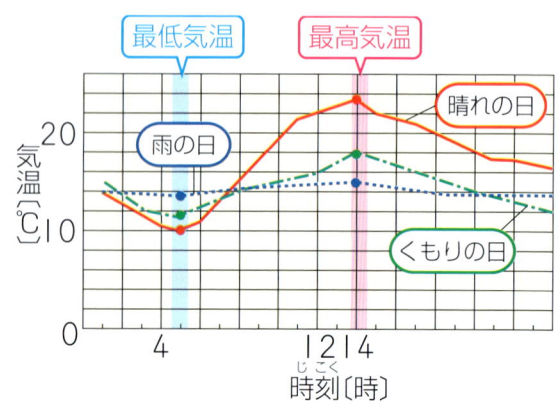

地温 ★★☆

　地表面や地中の温度を**地温**といいます。

　地温は，地面を少しほって温度をはかりたい位置に温度計の球部を置いて上から土をかぶせ，**直射日光が当たらない**ようにおおいをしてはかります。

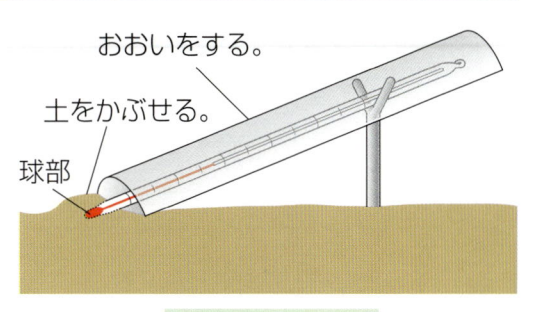

地表面のはかり方

1日の地温の変化

　地面は，**太陽光**が当たることによってあたためられます。そして，あたためられた地面の熱によって，**空気**があたためられます。

　太陽高度が変わるのにともない，地面が太陽から受け取る熱量と，地面が空気にあたえる熱量（地面から失われる熱量）も変化します。地面が太陽から受け取る熱量よりも，地面から失われる熱量が小さいと，地温が上がります。

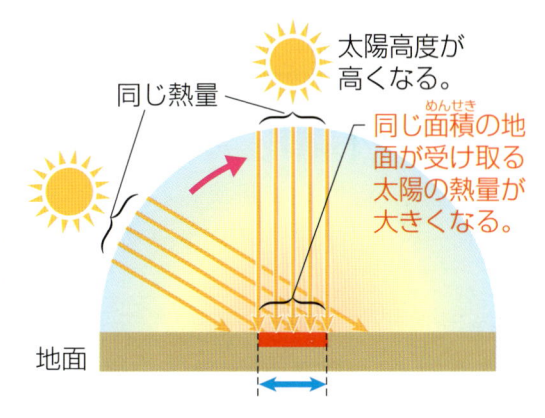

　正午ごろに，地面が太陽から受け取る熱量が最大になります。その後しばらくは地温は上がり，**午後1時ごろ**に最高になります。

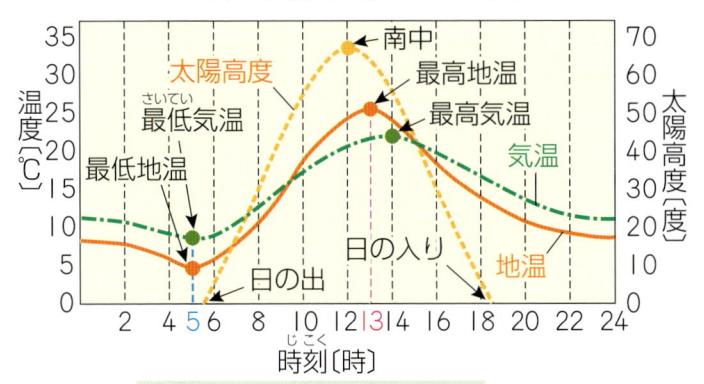

太陽高度・地温・気温の変化

＋プラスワン
地中深くなると，太陽から届く熱量が減るため，地表面に比べて温度は低くなります。地下50cmより深くなると，温度は1日中ほとんど変化しません。

　太陽高度・地温・気温のグラフは，それぞれ何を示しているかを答えさせる問題がよく出るのである。また，太陽高度が高くなる夏のほうが，より地面があたためられやすいことも注意しておくのだ。

湿度

1m³中の空気中にふくまれている水蒸気の量が、そのときの気温における**飽和水蒸気量**（1m³中の空気中にふくむことのできる水蒸気の限度の量）の何％に当たるかを表したものを湿度といいます。

$$湿度（\%）= \frac{空気1m^3中にふくまれる水蒸気量（g）}{その気温での飽和水蒸気量（g）} \times 100$$

湿度は、**乾湿計（乾湿球湿度計）**を使ってはかります。

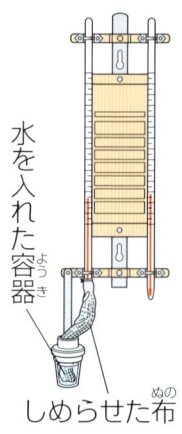

乾湿計
水を入れた容器
しめらせた布

1日の湿度の変化

晴れた日の湿度は、**明け方**に高く、**昼間**に低くなります。つまり、1日の気温の変化と**反対**になります。

雨の日の湿度は、1日中**高く**なります。

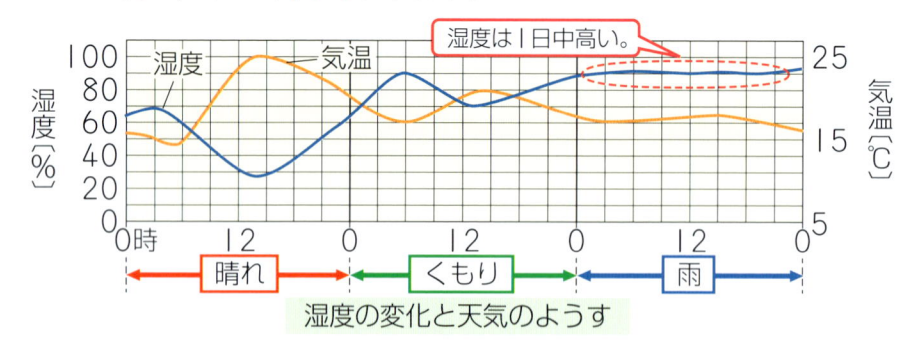

湿度は1日中高い。

湿度の変化と天気のようす
晴れ／くもり／雨

飽和水蒸気量は、気温が高いほど多く、気温が低いほど少なくなるのだ。だから、空気中の水蒸気の量が一定でも、気温の高い昼間は湿度が低く、気温の低い夜は湿度が高くなるのである。

＋プラスワン

湿度をはかるための乾湿計は、温度計を2本使っています。1つはそのまま使う温度計で**乾球**（乾球温度計）、もう1つは水でしめらせた布（ガーゼ）を巻いた**湿球**（湿球温度計）といいます。湿球は、湿度が低いほどガーゼから水が多く蒸発して熱がうばわれるため、乾球よりも低い温度を示します。したがって、湿度が低いほど乾球と湿球の示す温度（示度）の差が大きくなります。

右の表のような湿度表を使い、乾球の示す温度と、乾球と湿球の示度の差から、湿度を求めることができます。

湿度表

乾球(℃)	乾球温度計と湿球温度計の示度の差									
	0.0	0.5	1.0	1.5	2.0	2.5	3.0	3.5	4.0	4.5
30	100	96	92	89	85	82	78	75	72	68
29	100	96	92	89	85	81	78	74	71	68
28	100	96	92	88	85	81	77	74	70	67
27	100	96	92	88	84	81	77	73	70	66
26	100	96	92	88	84	80	76	73	69	65
25	100	96	92	88	84	80	76	72	68	65
24	100	96	91	87	83	79	75	71	68	64
23	100	96	91	87	83	79	75	71	67	63
22	100									62
...										
15	100	94	89	84	79	73	68	63	58	53

乾球が24℃、湿球が21℃のとき、湿度は75％

百葉箱 ★★☆

百葉箱は，各地の空気の温度などを<u>同じ条件で測定</u>して比べるために作られました。

百葉箱には次のような特ちょうがあります。

- 百葉箱内の温度が高くなるのを防ぐために，外側と内側を**白色**にぬって，日光を反射しやすくしてある。
- 風通しをよくし，直射日光や雨が入らないよう，すき間のある**よろい戸**になっている。
- とびらを開けたときに直射日光が入らないよう，とびらが**北向き**になっている。
- 地面の熱のえいきょうを直接受けないよう，温度計は**1.2〜1.5m**の高さに取り付けてある。
- 風通しをよくし，地面からの太陽の熱の反射を防ぐため，**まわりが開けたしばふ**の上に建てる。

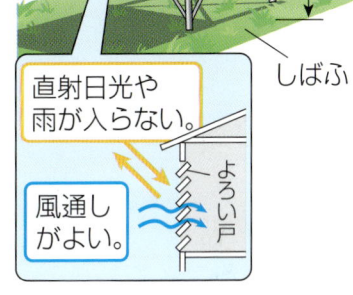

百葉箱の中には，次のようなものが入っています。
- 自記温度計：気温を自動的に連続してはかることができる。
- 最高温度計：1日のうちでいちばん高い温度を記録する。
- 最低温度計：1日のうちでいちばん低い温度を記録する。
- 乾湿計（乾湿球湿度計）：湿度をはかる。

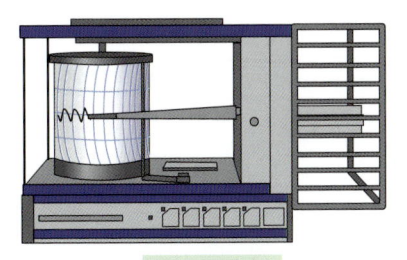

自記温度計

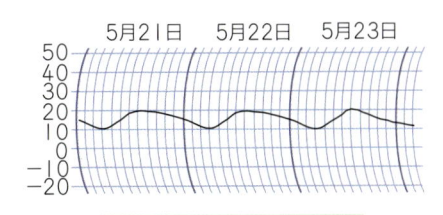

自記温度計の記録の例

> 自記温度計の記録から，その日の天気を答えさせる問題がよく出るのだ。1日の気温の変化と天気の関係は，76ページの「気温」を読んで確にんするとよいのである。

雨量 ★☆☆

　一定の時間に降った雨が流れずにすべてたまるとどれだけの深さになるのかを表したものを雨量といいます。単位は mm です。

　雨量は雨量計を使ってはかります。雨量計では、直径20cmの円の大きさの地面に降る雨が、貯水びんにたまります。たまった水を雨量ますに入れかえ、読み取った目盛りを雨量とします。

> **＋プラスワン**
> 1mm（＝0.1cm）の雨が降ると、貯水びんには 10(cm)×10(cm)×3.14×0.1(cm)＝31.4(cm³) の水がたまります。

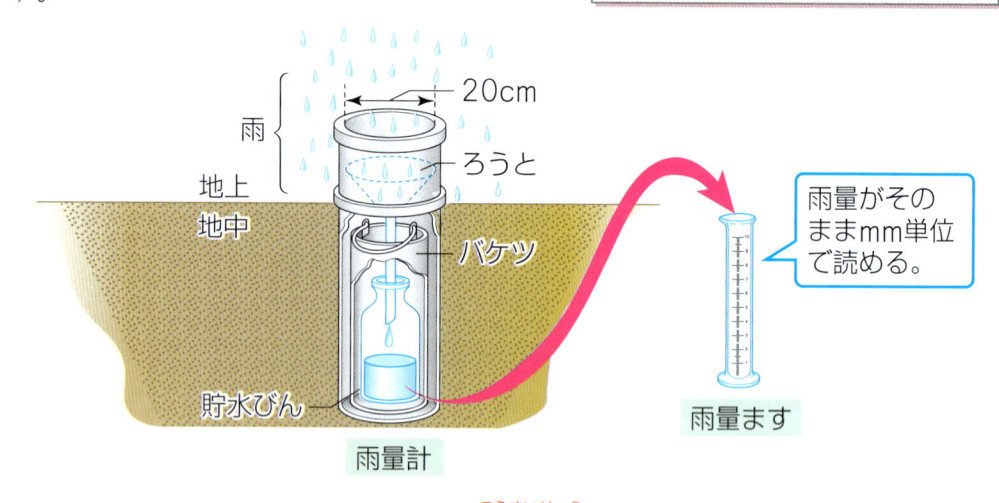

（図：雨量計　20cm、ろうと、バケツ、貯水びん／雨量ます「雨量がそのままmm単位で読める。」）

　雨と雪をまとめてあつかう場合には、降水量といいます。雪やひょうやあられなどが降った場合は、それらをとかして水としてはかります。

> **＋プラスワン**
> アメダスなどの雨量計では、自動で雨量をはかるために、次のようなしくみになっているものもあります。
> まず、直径20cmの円を通った雨水が、転倒ますに入ります。転倒ますは水を受ける部分が2か所に分けてあり、片方に一定量の水がたまると、かたむいて排水され、今度はもう片方のますに水がたまっていきます。転倒ますがかたむくごとに、電気信号が発生するようになっているので、一定時間に何回かたむいたかを知ることで、雨量の観測ができます。
> このような雨量計を、「転倒ます型雨量計」といいます。
>
> （図：転倒ます型雨量計　転倒ます：中が2つに仕切られている。）

アメダス ★★☆

アメダスは、**地域気象観測システム**のことです。降水量・風向・風速・気温・日照時間などの観測を自動的に行っています。

アメダスは、日本全国に**約1300か所**設置されており、観測したデータを気象庁などに送っています。気象庁や各地の気象台では、アメダスのデータをもとにして**天気図**を作成しています。

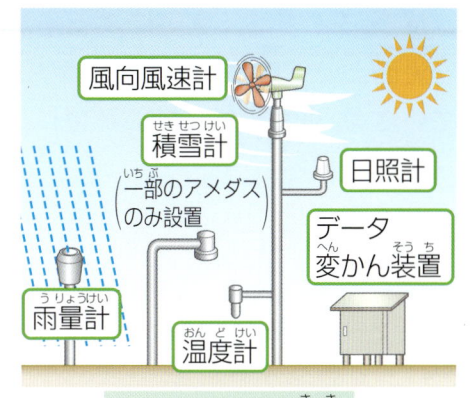

アメダスの観測機器

気象衛星 ★☆☆

気象観測用の人工衛星のことを**気象衛星**といいます。赤道の約36000km上空で、地球の自転に合わせて同じ向きに回っているため、いつも同じはん囲を観測することができます。

日本の気象衛星には**「ひまわり」**という名前がつけられています。

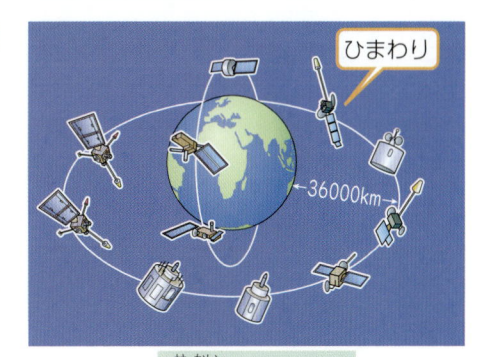

世界の気象衛星

気象衛星から観測された画像は、気象衛星画像や**雲画像**などとよばれ、天気の予想などに役立っています。

気象衛星画像

気圧（大気圧） ★★☆

地球をとりまく**大気による圧力**（おす力）を気圧（大気圧）といいます。海面上の平均的な気圧が1気圧で、これは**1cm²あたり約1kg**の重さがかかっている状態です。気圧の単位には**hPa（ヘクトパスカル）**が用いられ、1気圧＝1013hPaです。

気圧は、基本的にはある地点よりも上にある**空気の重さ**で決まるため、高度の低い地点よりも、高い山など高度の高い地点のほうが気圧が**低く**なります。

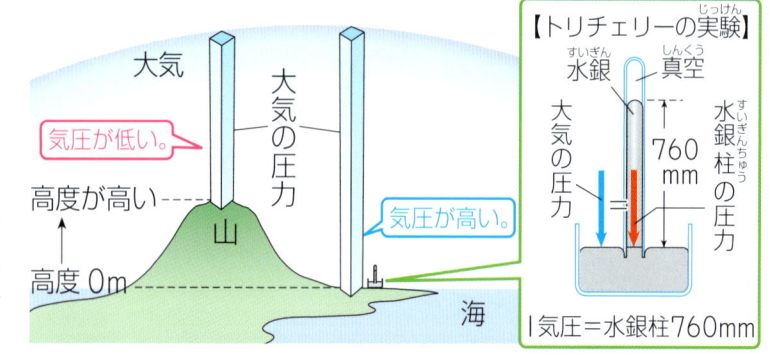

【トリチェリーの実験】
1気圧＝水銀柱760mm

> **＋プラスワン**
> 気圧は、トリチェリーという科学者によって測定されました。水銀柱を使った実験が有名です。

気圧は、場所や時間によって変わります。気圧がまわりよりも高いところを**高気圧**、まわりよりも低いところを**低気圧**といいます。高気圧の中心付近には**下降気流**が生じ、低気圧の中心付近には**上昇気流**が生じます。このような空気の動きを対流といい、**風**が生じる原因となります。

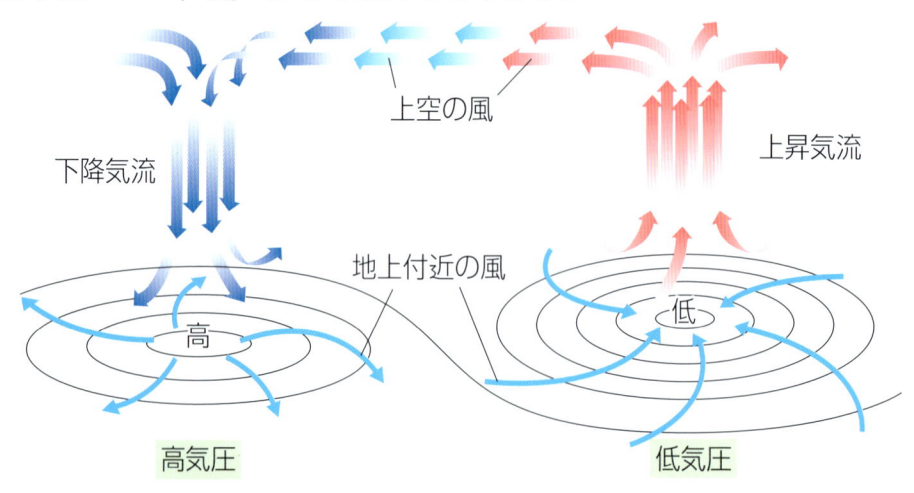

気圧が同じ地点を結んだ線を、**等圧線**といいます。

風 ★★☆

地球上の**大気の流れ**のことを風といいます。

風の表し方

風には**風向・風速・風力**などの要素があります。

風のふいてくる方向を**風向**といい、**風向計**ではかります。風向は**16方位**で表します。また、空気が1秒間に何m移動するかを**風速**といい、**風速計**ではかります。

風向や風速はたえず変化しているので、計測時刻前の**10分間の平均**で表します。

風がものにあたえる力を**風力**といいます。風力は、風速に応じて0から12までの**13階級**に分けて表します。

風速計（風はい型風速計）
- 風はいの1秒あたりの回転数 ➡ 風速
- 風はい

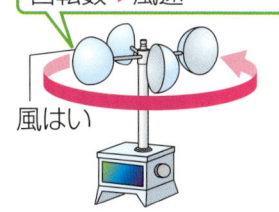

風向風速計（風車型風向風速計）
- プロペラ
- どう体
- どう体の向き ➡ 風向
- プロペラの1秒あたりの回転数 ➡ 風速

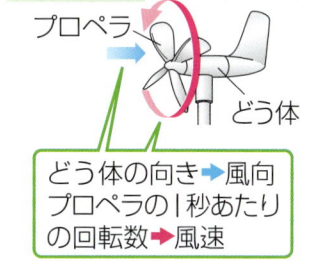

地上付近の風

地上付近では、風は**高気圧から低気圧**に向かってふきます。

このとき、北半球では高気圧からは**時計回り（右回り）**に風がふき出し、低気圧には**反時計回り（左回り）**に風がふきこみます。このように空気の動きがうずになるのは、地球が自転しており、地球の上にのっているものに力がはたらくからです。

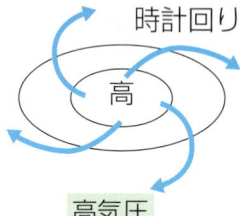

時計回り
高　高気圧

反時計回り
低　低気圧

南半球では、北半球とは風の回り方が反対になるので注意が必要なのだ。高気圧からは反時計回りに風がふき出し、低気圧へは時計回りに風がふきこむのである。

海陸風 ★★☆

海岸付近では陸と海の温度差によって風が生じます。

昼間，陸のほうが海よりもあたたまりやすいので，陸上の空気があたためられて上昇します。そこへ，まだあたたまっていない海上の空気が移動するので，海から陸に向かって風がふきます。これを海風といいます。

夜間は，陸のほうが海よりも冷めやすいので，陸上の空気が冷やされ下降します。そこで，下降した空気が海のほうへ移動するので，陸から海に向かって風がふきます。これを陸風といいます。

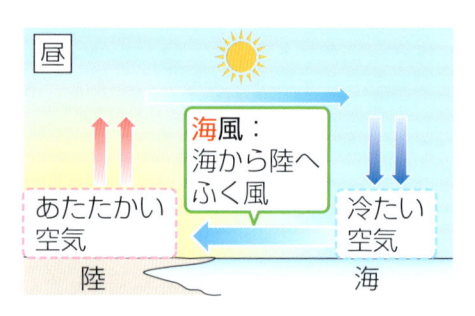

朝と夕方に，陸上と海上の空気の温度が同じになり，一時的に風がやむときがあります。これをなぎといい，朝のなぎを朝なぎ，夕方のなぎを夕なぎといいます。

季節風 ★☆☆

日本付近で，夏と冬で反対向きにふく風のことを季節風といいます。

夏は，大陸のほうが太平洋よりもあたたまりやすいので，大陸上の空気があたためられて上昇し，低気圧ができます。そこへ，高気圧となった太平洋上の空気が移動するため，南東の季節風がふきます。

冬は，大陸のほうが太平洋よりも冷えこむため，太平洋のほうがあたたかくなり，海上に低気圧ができます。そこへ，高気圧となった大陸上の空気が移動するため，北西の季節風がふきます。

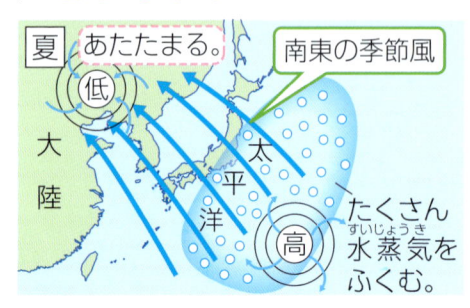

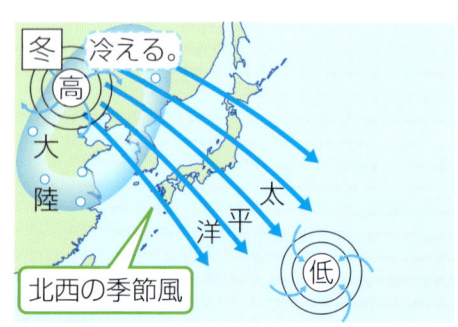

天気 ★★☆

　天気は，気温や湿度，風，雲の量，雨，雪などの気象に関係する要素を総合した大気の状態のことです。

雲量

　空全体に対して雲がしめる面積の割合を**雲量**といい，空全体を10としたときの雲量によって，天気は次のように決められます。

空のようす	雲量0	雲量1	雲量4	雲量8	雲量9	雲量10
雲量	0〜1		2〜8		9〜10	
天気	快晴		晴れ		くもり	

※雲量が0〜8を「晴れ」と分類することもあります。

　また，雲量にかかわらず，雨が降った場合は雨，雪が降った場合は雪，となります。

天気の変化

　日本の上空では1年中，**偏西風**という風が**西から東**へふいています。そのため，日本付近の天気は，**西から東**へと移り変わります。

ある日の画像 ▶ 次の日の画像  ▶ 2日後の画像

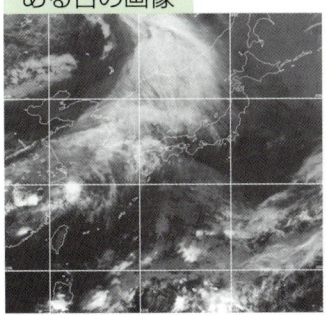

雲 ★★★

雲は，空気中の水蒸気が集まって水滴や氷の粒になってうかんだものです。

空気の温度が下がることで，空気中にふくみきれなくなった水蒸気が水滴（氷）にかわります。

気圧・温度との関係

気圧は，高度が100m上がるごとに，約10hPa低くなります。

気圧が低くなると温度が下がります。雲がない状態では，高度が100m上がるごとに1℃低下します。ある程度温度が下がり雲が発生すると，高度が100m上がるごとに0.5℃低下します。

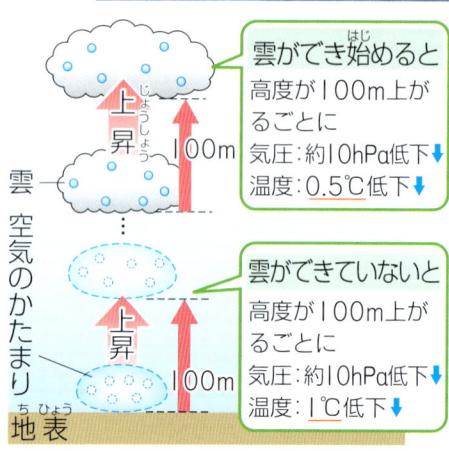

雲ができ始めると
高度が100m上がるごとに
気圧：約10hPa低下↓
温度：0.5℃低下↓

雲ができていないと
高度が100m上がるごとに
気圧：約10hPa低下↓
温度：1℃低下↓

雲の発生

雲ができやすいのは，上昇気流が生じやすいときです。

1：空気が強く熱せられるとき

2：山の斜面に，風がふきつけられるとき

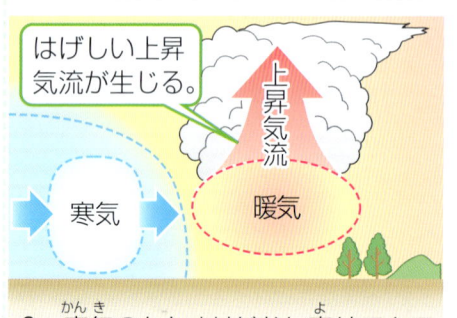

3：寒気のかたまりがおし寄せてきて，暖気のかたまりにぶつかるとき

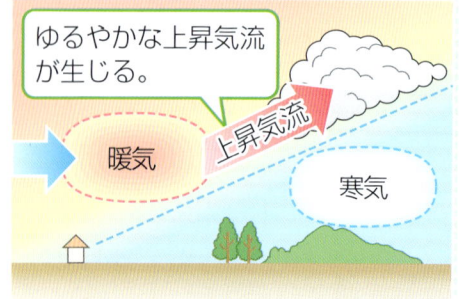

4：暖気のかたまりがおし寄せてきて寒気のかたまりにぶつかるとき

雲の種類

雲は，形やできる高度などから10種類に分類されています。

- 巻雲（けんうん）　：**すじ雲**ともいいます。上空の風が強く，晴れた日に見られることが多いです。
- 巻層雲（けんそううん）：うす雲ともいいます。
- 高層雲（こうそううん）：おぼろ雲ともいいます。この雲が厚くなってくると，雨雲になることがあります。
- 巻積雲（けんせきうん）：**うろこ雲**や**いわし雲**ともいいます。秋によく見られます。
- 高積雲（こうせきうん）：**ひつじ雲**ともいいます。
- 層雲（そううん）　：きり雲ともいいます。
- 積雲（せきうん）　：**わた雲**ともいいます。低い空に見られます。この雲が発達して**積乱雲**になることがあります。
- 層積雲（そうせきうん）：うね雲やくもり雲ともいいます。低い空に見られます。
- 積乱雲（せきらんうん）：**入道雲**や**かみなり雲**ともいい，**夏**によく見られます。低い空から高い空まで縦に発達した雲で，せまいはん囲にかみなりをともなった大雨を降らせます。
- 乱層雲（らんそううん）：**雨雲**ともいいます。低い空に見られ，厚くて灰色〜黒色をしています。広いはん囲におだやかな雨を降らせます。

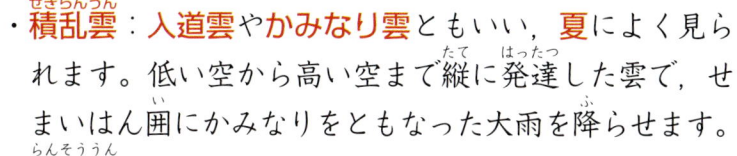

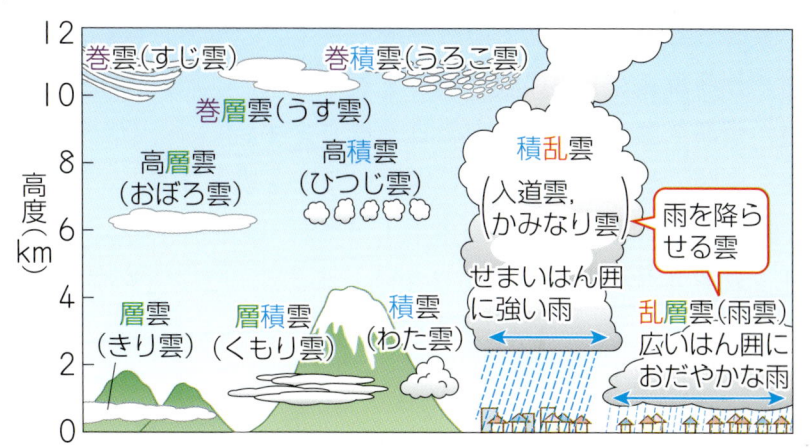

巻雲

高積雲

積雲

積乱雲

＋プラスワン

雲をつくっている水滴が集まって大きく成長し，上昇気流で支えきれなくなって落ちてきたものが雨です。雨粒の直径は数mmで，雲をつくる水滴の直径の数百倍にもなります。

天気予報 ★☆☆

　日本付近の天気は、**偏西風**のえいきょうで**西から東**へと移り変わります。このことを利用して、気象衛星の画像などから**雲**の動きを予想し、天気を予想することができます。

　天気予報では、天気、降水確率、最高気温・最低気温、風向と風速などが発表されます。また、天気の予測にもとづいて、大雨や台風などの**防災気象情報**も発表されます。

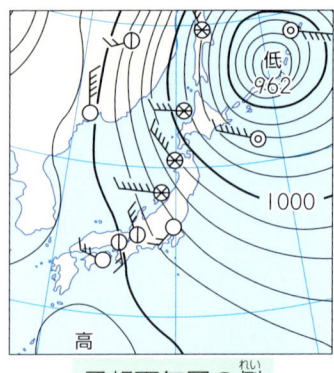

予想天気図の例

天気予報で使われる言葉 ☁

【降水確率】
　天気予報で発表される**降水確率**は、ある地域で一定の時間内に1mm以上の雨や雪が降る確率のことです。

> **＋プラスワン**
> 降水確率が30%というのは、30%という予報が100回発表されたとき、そのうちのおよそ30回は雨（または雪）が降るという意味です。降水量を表すものではありません。

【気温を表す言葉】
- 夏日：最高気温が25℃以上の日を表します。
- **真夏日**：最高気温が**30℃以上**の日を表します。
- **猛暑日**：最高気温が**35℃以上**の日を表します。
- 熱帯夜：夜間の最低気温が25℃以上のことを表します。
- 冬日：最低気温が0℃未満の日を表します。
- 真冬日：最高気温が0℃未満の日を表します。

気団 ★★☆

広いはん囲にわたり、**温度と湿度**がほぼ同じような空気のかたまりを気団といいます。

まわりと比べて温度が低い気団を**寒気団**、温度が高い気団を**暖気団**とよびます。

日本のまわりの気団

日本は、すべて**高気圧**の**4つ**の気団に囲まれています。

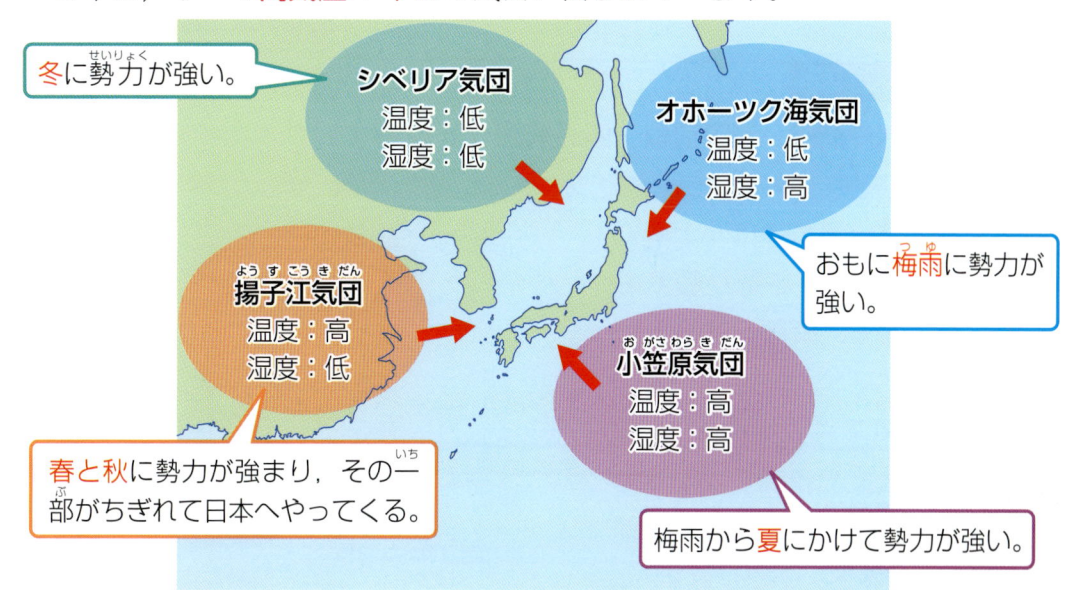

シベリア気団　温度：低　湿度：低　← 冬に勢力が強い。

オホーツク海気団　温度：低　湿度：高　← おもに梅雨に勢力が強い。

揚子江気団　温度：高　湿度：低　← 春と秋に勢力が強まり、その一部がちぎれて日本へやってくる。

小笠原気団　温度：高　湿度：高　← 梅雨から夏にかけて勢力が強い。

- **シベリア気団**：大陸のシベリア地方で発生します。温度は**低く**、湿度も**低い**です。**冬**に勢力が強くなります。
- **揚子江気団**：中国の揚子江付近で発生します。温度は**高く**、湿度は**低い**です。**春と秋**に勢力が強まり、その一部がちぎれて日本にやってきます。
- **オホーツク海気団**：北海道の北東のオホーツク海上で発生します。温度は**低く**、湿度は**高い**です。おもに**梅雨**に勢力が強くなります。
- **小笠原気団**：日本の南東の太平洋上で発生します。温度は**高く**、湿度も**高い**です。**梅雨から夏**にかけて勢力が強くなります。

日本付近では、4つの気団の勢力によって、高気圧と低気圧の位置関係（**気圧配置**）が季節ごとに変わり、特ちょう的な天気となります。

> 気団の性質は、発生する場所と関係があるのだ。北で発生すると温度が低く、南で発生すると温度が高い。また、海上で発生すると水蒸気をたくさんふくむので湿度が高く、大陸上で発生すると湿度が低いのである。

前線

暖気（あたたかい空気）と寒気（冷たい空気）が接すると，はっきりとした境界ができます。このときの境界を**前線面**といい，前線面が地表と接しているところを**前線**といいます。

前線では，寒気は**下にもぐりこみ**，暖気は**上昇**します。

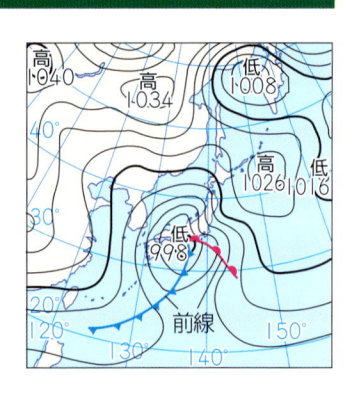

前線の種類

前線には，**寒冷前線，温暖前線，停滞前線**などがあります。

【寒冷前線 ▼▼▼▼】

寒冷前線では，寒気のほうが暖気よりも勢いが強く，**寒気が暖気の下にもぐりこんで，暖気をおし上げながら**進みます。

寒冷前線付近では，暖気が急激に上昇し，積乱雲や積雲をつくるため，**強い雨が短時間降ります**。前線が通り過ぎると温度が**下がります**。

【温暖前線 ●●●●】

温暖前線では，暖気のほうが寒気よりも勢いが強く，**暖気が寒気の上をゆるやかに上昇しながら**進みます。

温暖前線付近では，暖気がゆるやかに上昇し，乱層雲や高層雲をつくるため，**おだやかな雨が長時間降ります**。前線が通り過ぎると温度は**上がります**。

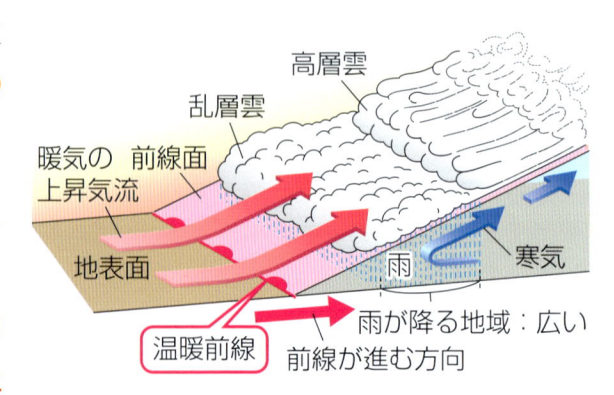

【停滞前線 ●▼●▼】

停滞前線では，暖気と寒気の勢いがほぼ等しく，前線は**ほとんど移動しません**。梅雨や秋のはじめごろに多く発生し，それぞれ**梅雨前線，秋雨前線**とよばれ，長い期間雨を降らせます。

低気圧と前線

低気圧の中心付近では，上昇気流によって**雲が発生**します。

また，低気圧には**反時計回り**に風がふきこむので，日本付近では，低気圧の西側では北から**寒気**が入りこみ**寒冷前線**ができ，低気圧の東側では南から**暖気**が入りこみ**温暖前線**ができます。

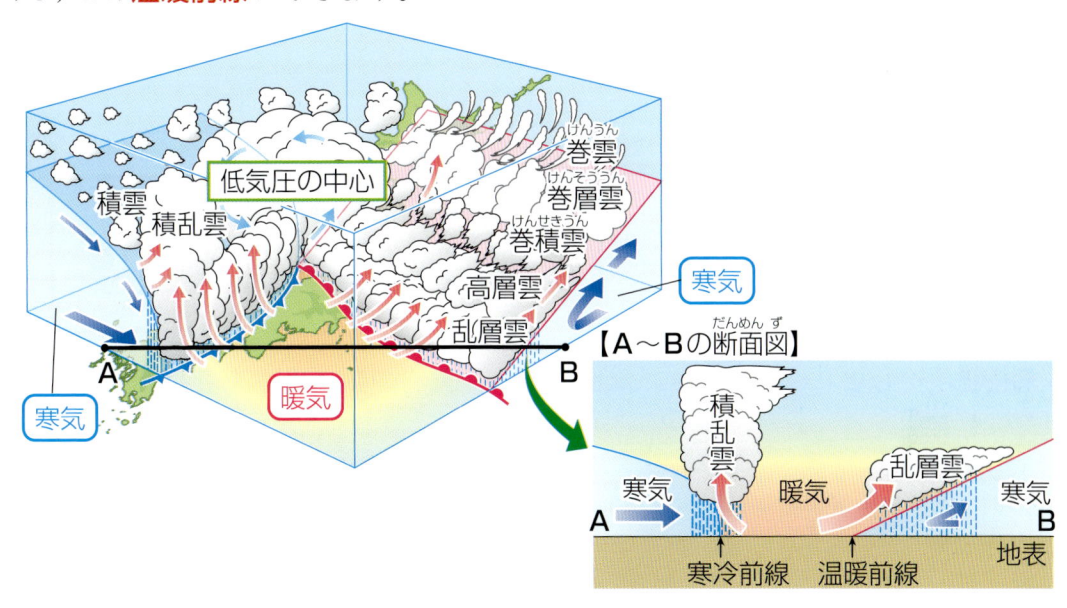

【A～Bの断面図】

＋プラスワン

低気圧は場所によって風向が異なるので，低気圧の通過にともなって風向が変化します。

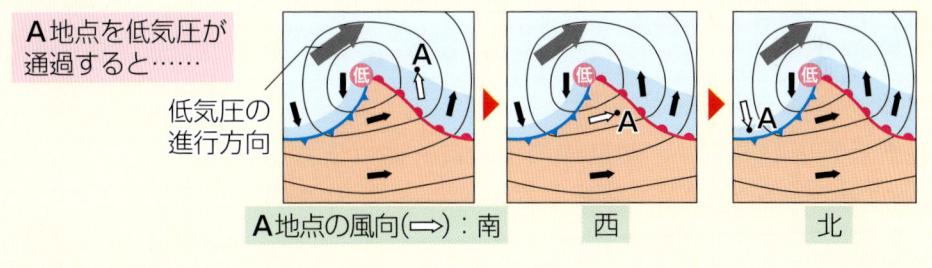

A地点を低気圧が通過すると……

低気圧の進行方向

A地点の風向(⇒)：南　西　北

❗入試問題では…（江戸川学園取手中学校・改）

問：右図は前線をともなった低気圧が日本付近にきたときの天気図の一部です。直線XYにそって大気を垂直に切ったときの大気の動きを表している図として適当なものはどれですか。

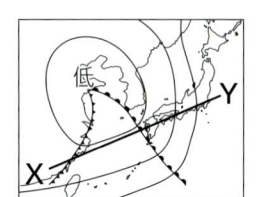

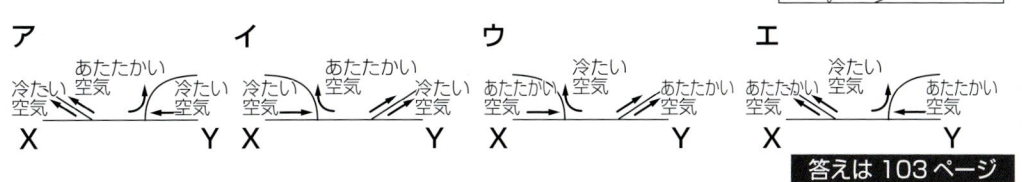

ア　イ　ウ　エ

答えは103ページ

天気図 ★★☆

　地図上に天気を表す記号や等圧線，前線などをかきこんだ図を，天気図といいます。

天気図に使われる記号

【天気記号】※ここで示しているのは，日本で使われる天気記号です。

快晴	晴れ	くもり	雨	雪	みぞれ	あられ	ひょう	かみなり	きり
○	①	◎	●	✳	◐	△	▲	◓	●

【風向・風力】

　天気記号から出した矢の向きで風向を表し，矢羽の数で風力を表します。

風力1　風力2　風力3　風力4　風力5　風力6
風力7　風力8　風力9　風力10　風力11　風力12

天気記号の例
風向：南東　風向：北東
風力：4　風力：3
天気：快晴　天気：くもり

【等圧線】

　等圧線は，**気圧**の等しい地点を**なめらかな曲線**で結んだものです。ふつう，1000hPaを基準として4hPaごとに線を引き，20hPaごとに太くかきます。高気圧や低気圧があると，等圧線の中心に「高（またはH）」や「低（またはL）」と書き，中心の気圧（hPa）が書かれることもあります。

　等圧線の間かくがせまいほど気圧の変化が**大きく**，風力が**大きく**なります。

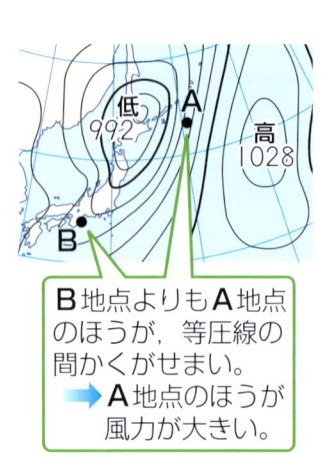

B地点よりもA地点のほうが，等圧線の間かくがせまい。
→ A地点のほうが風力が大きい。

【台風情報】

　台風が近づくと，台風情報が発表されます。現在の台風の中心や風速25m/秒以上の**暴風域**，さらに，今後台風の中心が来ると予想されるはん囲（**予報円**）や暴風域に入る可能性のある**暴風警戒域**などが示されます。

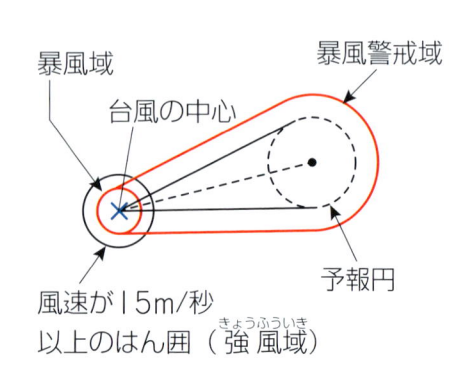

暴風域　暴風警戒域　台風の中心　予報円
風速が15m/秒以上のはん囲（強風域）

台風 ★★★

台風は、熱帯で発生した**熱帯低気圧**のうち、最大風速が**17.2m/秒以上**のものをいいます。台風の勢力は大きさ（風速15m/秒以上の風がふくはん囲）と強さ（最大風速）で表されます。

ほぼ1年中発生しますが、日本に近づくのは**夏から秋**の間です。風雨や高潮によるひ害をもたらしますが、夏の水不足の解消に役立つこともあります。

大きくゆれる街路樹

台風の構造

台風のうずの大きさは、半径約100～500kmで、高さは約10～15kmです。外側から中心に近づくほど風雨が**強まり**ますが、中心にある**台風の目**は、風がほとんどなく晴れています。

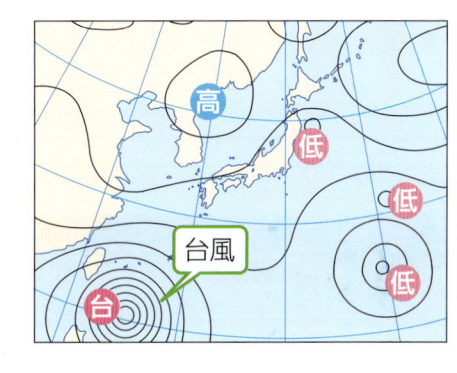

> 台風は低気圧なので、台風の中心に向かって**反時計回り**に風がふきこむのだ。台風の進行方向と風向が同じになる台風の右側では風が強く、進行方向と反対になる左側では風が弱くなるのである。

台風の進行方向

台風は、南の海上で発生すると、**北**のほうへ移動することが多く、発生する季節によっておもな進路が変わってきます。

天気は台風の動きによって変化し、台風が近づくと大雨が降り、強い風がふきます。

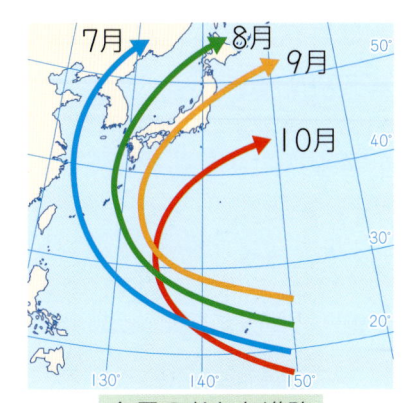

台風のおもな進路

フェーン現象 ★★☆

　フェーン現象は、しめった空気が山の斜面にぶつかって上昇し、雲が発生して雨を降らせたのち、反対側の斜面を下降したときに、斜面を上昇する前よりも温度が高くなる現象です。

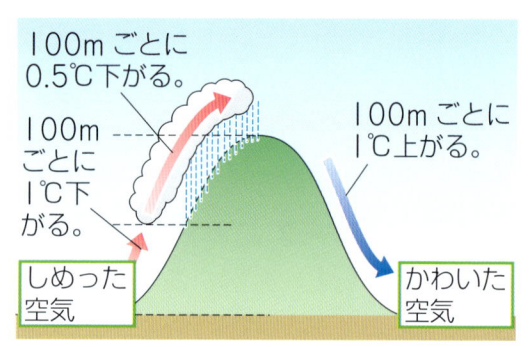

　しめった空気が斜面を上昇するとき、はじめは100m高くなるごとに温度が1℃ずつ下がりますが、雲ができ始めると100m高くなるごとに0.5℃ずつしか下がりません。一方、反対の斜面を下降するときには、空気がかわいているため雲ができず、100m低くなるごとに1℃ずつ温度が上がります。このため、フェーン現象が起こります。

　春一番がふくと、フェーン現象が起こりやすくなります。

> 入試では、フェーン現象という名前を答えさせる問題が出題されるほか、計算問題としてもよく出題されるのだ。空気は、上昇すると温度が下がり、下降すると温度が上がることと、雲があるかどうかによって温度の変わり方が異なることを、しっかりおさえておくとよいのである。

エルニーニョ現象 ★☆☆

　エルニーニョ現象は、太平洋上の赤道域の中央部から南米のペルーにかけての広いはん囲で、海面水温が平年に比べて高い状態が1年ほど続く現象です。

　エルニーニョ現象が起きた年は、日本では、夏は気温が低い日が続く冷夏となり、冬はあたたかい日が続く暖冬になるといわれています。

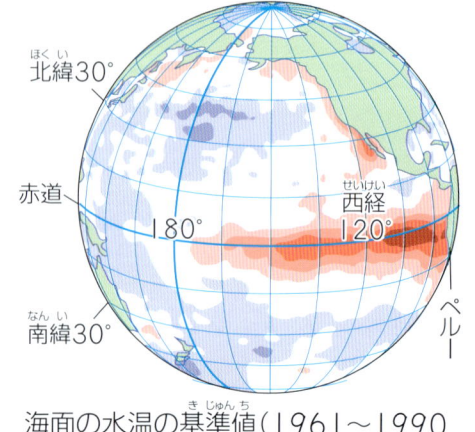

＋プラスワン

エルニーニョ現象とは逆に、同じ海で海面水温が平年に比べて低い状態が続く現象を「ラニーニャ現象」といいます。ラニーニャ現象が起きた年は、日本では夏は気温が高く、冬は気温が低い日が続くことが多くなるといわれています。

海面の水温の基準値(1961～1990年の30年の平均)との差〔℃〕

気象分野のまとめ

観天望気（天気の言い習わし）

昔は，現在のような天気の情報がなかったため，雲や空，生き物のようすなどを見て天気を予想していました。天気に関する言い習わし（観天望気といいます）には，いろいろなものがあります。

●朝のきりは晴れ

きりは，温度が下がって空気中の水蒸気が水滴となって出てくることで発生します。朝にきりができたのは，夜間に雲がなく，地面の熱が宇宙へどんどん出ていき温度が下がったからだと考えられます。

●朝のにじは雨

にじは，水滴に当たった太陽の光が屈折することで見え，太陽と反対の方向に見えます。朝は太陽は東にあるので，西の空に雲が多かったり雨が降ったりしていると考えられます。天気は西から東へ変わることが多いため，西の空が雨だと雨になりやすいと考えられます。

●ツバメが低く飛ぶと雨

ツバメがえさとする昆虫は，しめった空気が近づいてくると空気中の水分のえいきょうで高く飛べなくなるといわれています。そのため，ツバメも昆虫を食べるために低く飛ぶと考えられます。

●夕焼けの次の日は晴れ

夕焼けは，太陽がしずむときに西の空が晴れていると見えます。天気は西から東へ変わることが多いため，西の空が晴れていると，次の日に晴れることが多くなります。

●山にかさ雲がかかると雨

空気が，山をこえるときに上昇して温度が下がることでできた雲がかさ雲です。上空にしめった空気があるため，雨になりやすいと考えられます。

水の循環

自然界での水のすがた

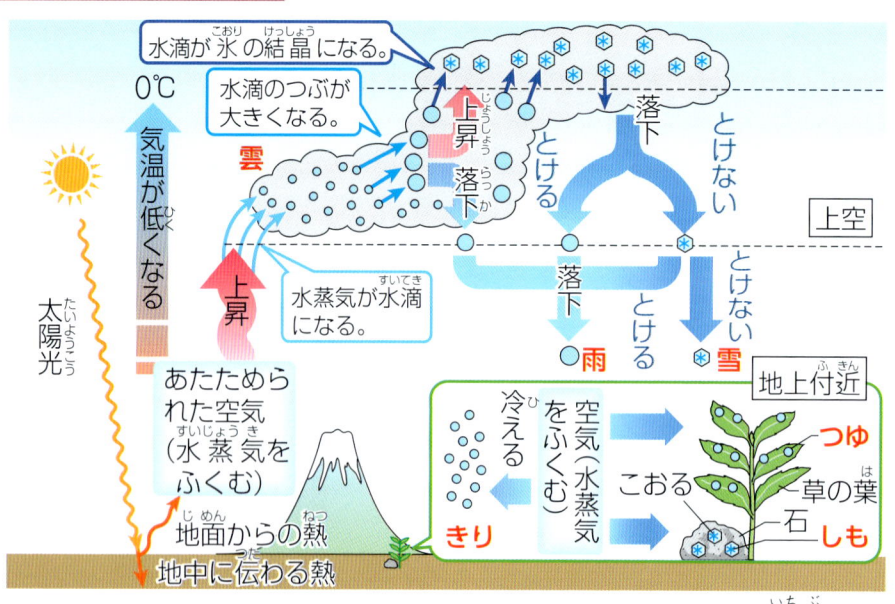

- 雲：水蒸気を多くふくんだ空気が上昇して冷やされ，水蒸気の一部が水滴（または氷の結晶）となり，上空にうかんだものが雲です。
- きり：水蒸気を多くふくんだ空気が地上付近で冷やされ，水蒸気の一部が水滴になり，地上付近にうかんでいるものがきりです。
- 雨，雪：雲にふくまれる水滴や氷の結晶がくっつき合って大きくなると落ちてきます。水滴や，結晶がとけたものが雨，結晶がとけずに落ちてきたものが雪です。
- つゆ，しも：空気中の水蒸気が冷やされて水滴となり，草の葉などについたものがつゆ，水滴ではなく直接氷の結晶となって白くついたものがしもです。

地球上の水の動き

水は，太陽の熱のエネルギーによって陸や空気中，海などをめぐっています。

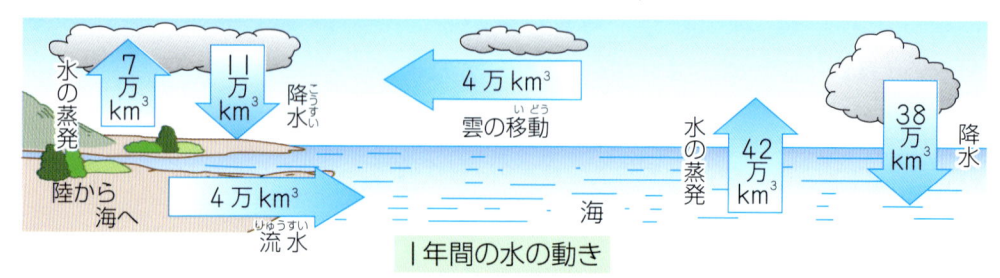

1年間の水の動き

地球上の水の約97.5％が海水，約2.5％が淡水（陸にある水）です。淡水はほとんどが氷河や雪で，それ以外のわずかな水が，わたしたちが利用できる川や湖や地下の水です。

気象分野のまとめ

飽和水蒸気量

湿度や雲のでき方には，空気の飽和水蒸気量が関係しています。

飽和水蒸気量

身のまわりの水が，**水蒸気**となって空気中に出ていくことを**蒸発**といいます。水蒸気は**気体**なので目に見えません。

空気中にふくむことのできる水蒸気の量には限度があります。空気が限度いっぱいまで水蒸気をふくんだ状態を**飽和**といい，$1m^3$の空気にふくむことができる水蒸気の量（g）を**飽和水蒸気量**といいます。飽和水蒸気量は温度によって変わり，飽和水蒸気量に対して，どのくらいの水蒸気をふくんでいるかを表したものが**湿度**です。

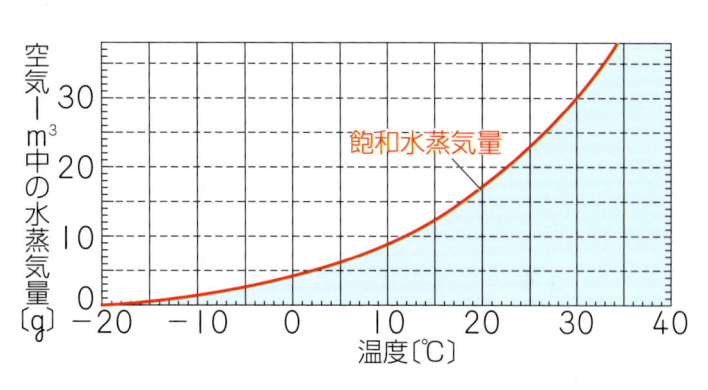

グラフの読み取り方

飽和水蒸気量をこえた分は，**水滴**となって出てきます。グラフから水蒸気が出てくる温度や量を読み取ることができます。

$1m^3$あたり15gの水蒸気をふくんだ30℃の空気が冷えていくときを考えます。30℃では飽和水蒸気量に達しないので，まだ水蒸気をふくむことができますが，17℃まで下がると飽和して水滴が出始めます。11℃では，飽和水蒸気量が10gなので，空気$1m^3$あたり15－10＝5（g）の水蒸気が水滴となって出ます。

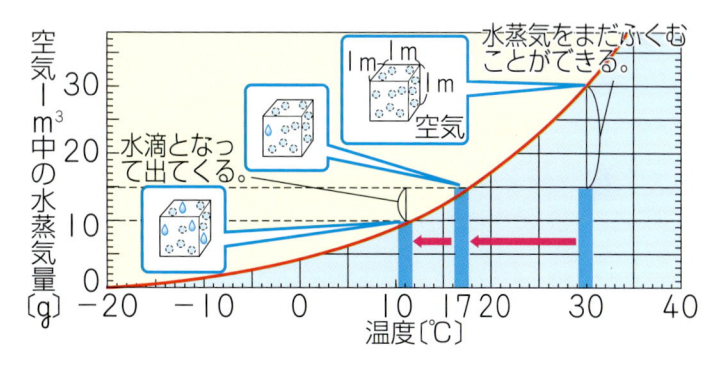

水蒸気をふくんだ空気が，上昇して温度が下がり雲ができるのは，温度が下がることで飽和水蒸気量が**減る**ために水蒸気を空気中にふくみきれなくなるからです。

季節と天気

春の天気

　揚子江気団の一部がちぎれて移動してきた**移動性高気圧**と，東シナ海の上ででてきた温帯低気圧が，強い**偏西風**によって３～４日ごとに交互におとずれるため，変わりやすい天気となります。

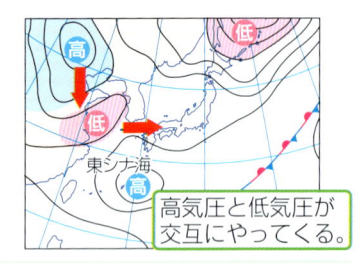

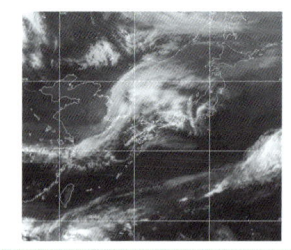

天気図（5月9日午前9時）　　　気象衛星画像（5月9日午前9時）

高気圧と低気圧が交互にやってくる。

　春の初めごろ，シベリア気団の勢力が弱まって日本海上にやってきた低気圧に向かって，太平洋側から初めてふきこむ，**風速8m/秒以上**のあたたかい南風を**春一番**といいます。春一番がふくと**フェーン現象**が起こりやすくなります。

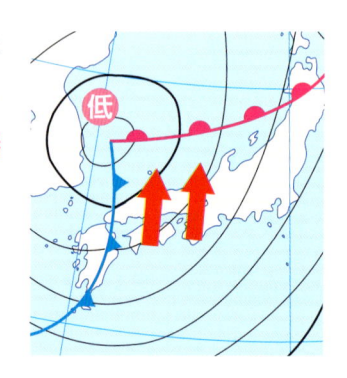

梅雨

　夏の初めごろは，小笠原気団とオホーツク海気団がぶつかるため，間に**停滞前線**ができ，長期間雨やくもりの日が続きます。この時期を**梅雨**といい，梅雨に発生する停滞前線を特に**梅雨前線**といいます。梅雨が明けると，本格的な夏となります。

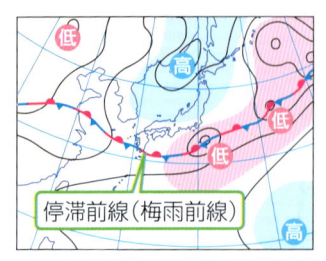

停滞前線（梅雨前線）

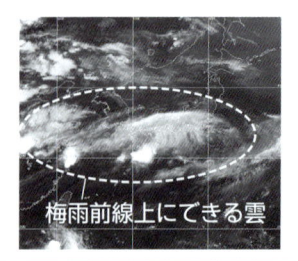

天気図（7月8日午前9時）　　　気象衛星画像（7月8日午前9時）

梅雨前線上にできる雲

夏の天気

小笠原気団が発達し，太平洋（日本の南）に高気圧，大陸（日本の北）に低気圧ができる，**南高北低**の気圧配置となります。太平洋から日本に向かって**南東の季節風**がふき，温度が高くしめった空気が運ばれるため，蒸し暑い日が続きます。

天気図（8月16日午前9時）
・等圧線が横になる。
・高気圧が勢力を強め，日本をおおう。
・南高北低の気圧配置

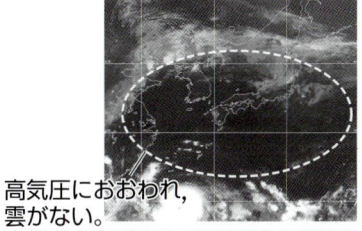

気象衛星画像（8月16日午前9時）
高気圧におおわれ，雲がない。

秋の天気

春と同じように，高気圧と低気圧が交互に通過するため，変わりやすい天気となります。秋の初めごろには，勢力の強まった北の冷たい気団と，勢力の弱まった小笠原気団との間に**停滞前線**ができ，梅雨に似た天気が続くことがあります。この停滞前線を特に**秋雨前線**といいます。

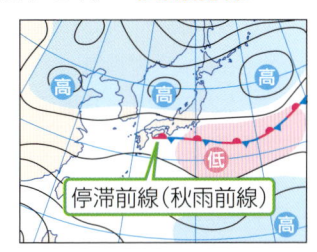

天気図（9月30日午前9時）
停滞前線（秋雨前線）

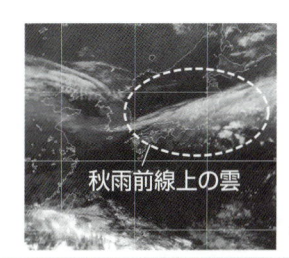

気象衛星画像（9月30日午前9時）
秋雨前線上の雲

冬の天気

シベリア気団の勢力が強まり，大陸（日本の西）に高気圧，太平洋（日本の東）に低気圧ができる，**西高東低**の気圧配置となります。大陸から太平洋に向かって**北西の季節風**がふき，日本海側では**雪**，太平洋側では**晴れ**の日が多くなります。

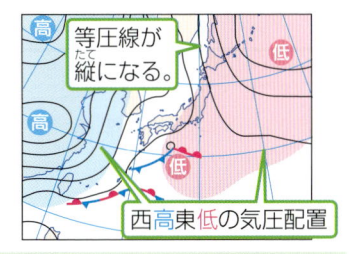

天気図（1月24日午前9時）
・等圧線が縦になる。
・西高東低の気圧配置

気象衛星画像（1月24日午前9時）

さくいん

【あ行】

- 秋雨前線……………… 90・99
- 秋の四辺形…………… 36・42
- 明けの明星………………… 25
- 朝なぎ……………………… 84
- アサリ……………………… 64
- 雨雲………………………… 87
- 天の川………………… 30・31・32
- 雨……80・85・87・88・92・95・96
- アメダス………………… 80・**81**
- アルクトゥルス………… 36・40
- アルタイル……………… 31・32・41
- アルデバラン…………… 35・36・43
- 安山岩……………………… 69
- アンタレス……………… 32・41
- アンドロメダ座………… 36・42
- アンモナイト……………… 65
- 伊豆大島………………… 67・68
- 緯線………………………… 7
- 緯度……………………… 7・29・45
- いわし雲…………………… 87
- いん石………………… 14・22
- うしかい座……………… 36・40
- うす雲……………………… 87
- 有珠山…………………… 67・68
- うね雲……………………… 87
- 雨量………………………… **80**
- 雨量計……………………… 80
- 雨量ます…………………… 80
- うろこ雲…………………… 87
- 雲仙岳…………………… 67・68
- 運ぱん作用……………… 48・51
- 雲量………………………… 85
- 衛星…………… 14・**22**・23・26
- 液状化現象………………… **73**
- S波………………………… 72
- エルニーニョ現象………… **94**
- おうし座………………… 35・43
- おおいぬ座……………… **34**・36・43
- おおぐま座………………… **28**
- 小笠原気団……………… 89・98・99
- おとめ座………………… 36・40
- オホーツク海気団……… 89・98
- おぼろ雲…………………… 87
- オリオン座…**33**・36・39・43
- オリオン座の三つ星……… 33
- 織姫星……………………… 31
- 温暖前線………………… 90・91
- 温度計…………………… 76・77・78

【か行】

- 海王星……………………… 23
- 海岸段丘…………………… 55
- かいき月食………………… 21
- かいき日食………………… 20
- 快晴……………………… 85・92
- 海風………………………… 84
- 海陸風……………………… **84**
- 河岸段丘…………………… **55**
- 核…………………………… 6
- カクセン石………………… 69
- 下弦の月………………… 15・17・18
- 火口………………………… 66
- 河口…………………… 53・56・57
- 花こう岩…………………… 69
- 下降気流…………………… 82
- かさ雲……………………… 95
- 火山…7・**66**・67・68・70・74
- 火山ガス…………………… 67
- 火山岩……………………… 69
- 火山さいせつ物…………… 67
- 火山灰………… 56・57・62・66
- 火山ふん出物……………… 67
- カシオペヤ座…………… 29・**30**
- 風………………………… 82・**83**
- 火星……………………… 23・**24**
- 火成岩…………………… **69**・74
- 化石……………………… 61・**64**・65
- 活火山……………………… 66
- 活断層……………………… 60
- かみなり雲………………… 87
- 下流……………………… 50・51・53
- 川…… **50**・51・52・53・54
- 川底……………………… 49・52
- 川原……………………… 49・51
- 乾湿計(乾湿球湿度計)…78・79
- 観天望気…………………… **95**
- 関東ローム層…………… 57・68
- カンラン石………………… 69
- 寒冷前線………………… 90・91
- 気圧……………………… **82**・86・92
- 気温……………………… **76**・78
- 気象衛星…………………… **81**
- 気象衛星画像……… →雲画像
- キ石………………………… 69
- 季節風……………………… **84**
- 気団………………………… **89**
- 逆断層……………………… 60
- ぎょう灰岩…61・**62**・74・75
- きょうりゅう……………… 65
- 極夜……………………… 13・47
- きり……………………… 95・96
- きり雲……………………… 87
- 銀河………………………… 27
- 金かん日食………………… 20
- 緊急地震速報……………… 72
- 金星………………… 23・**25**・27・44
- 雲…………… **86**・87・88・91・96・97
- 雲画像……………………… 81
- くもり…………………… 85・92
- くもり雲…………………… 87
- クレーター………………… 14
- クロウンモ………………… 69
- 経線……………………… 7・8
- 経度………………………… 7
- 夏至の日…… 9・11・12・13
- 結晶………………………… 69
- 月食………………………… **21**
- 巻雲………………………… 87
- けん牛星…………………… 31
- 巻積雲……………………… 87
- 巻層雲……………………… 87
- 玄武岩……………………… 69
- こいぬ座………………… **34**・36・43
- 高気圧…… 82・83・84・89・92・98・99
- 洪水………………………… **54**
- 降水確率…………………… 88
- 降水量……………………… 80
- 恒星……………………… 22・**27**

高積雲……………………87	初期微動けい続時間………72	太陽……6・8・9・**10**・15・20・21・22・27・45・46・47
高層雲…………………87・90	織女星……………………31	
公転………………………**9**・47	シラス台地………………57	太陽系……………………23
公転周期………………9・17・44	シリウス………27・34・36・43	太陽高度………………11・77
公転面……………………8・9・21	震央………………………71	大理石……………………63
黄道………………………13	震央距離…………………71	七夕伝説…………………31
黄道12星座………………13	新月…………………15・16・20	ダム………………………54
鉱物………………………69	震源……………………71・72	断層……………………**60**・73
黒点………………………10	震源距離………………71・72	断層面…………………60・74
こぐま座………………**28**・29	震源の深さ………………71	地域気象観測システム………→アメダス
古生代……………………65	しん食作用……48・50・51・52	
こと座……………**31**・32・41	深成岩……………………69	地温………………………77
コロナ……………………20	新生代……………………65	地殻………………………6
	震度………………………71	地下水…………………52・62
【さ行】	水星……………………23・**24**	地下調節池………………54
砂岩………………………**61**	彗星………………………**22**・23	地球……6・14・19・20・21・22・23・44
桜島……………………67・68	すじ雲……………………87	
さそり座………………**32**・41	スピカ…………………36・40	地軸………………8・9・18・29
三角州…………………**53**・73	整合………………………59	地質時代…………………65
サンゴ……………………64	星座………27・40・41・42・43	地質柱状図……………→柱状図
サンヨウチュウ……………65	春の星座………………40	地層……………**56**・61・74・75
自記温度計………………79	夏の星座………………**41**	柱状図…………………58・75
しし座…………………36・40	秋の星座………………**42**	中生代……………………65
シジミ……………………64	冬の星座………………**43**	中流……………………50・51
示準化石…………………65	星座早見…………………37	チョウ石…………………69
地震……………7・60・**70**・71	正断層……………………60	沈降……………55・56・59・74
地震計……………………71	積雲……………………87・90	月……14・20・21・22・47
地震波……………………**72**	セキエイ…………………69	月周回衛星………………18
示相化石…………………**64**	積乱雲…………………87・90	月の海……………………14
湿度……………**78**・89・97	石灰岩…………………61・**63**	津波………………………73
湿度表……………………78	石基………………………69	つゆ………………………96
自転……………………8・38・47	先カンブリア時代…………65	梅雨……………89・90・**98**
自転軸……………………8	扇状地……………………**52**	でい岩……………………61・62
自転周期…………………8	前線………………………**90**	低気圧………82・83・84・91・92・93・98・99
シベリア気団……89・98・99	せん緑岩…………………69	
しも………………………96	層雲………………………87	停滞前線…………90・98・99
しゅう曲…………………**60**	層積雲……………………87	堤防………………………54
秋分の日………9・11・12・13		デネブ…………30・32・41
主要動……………………72	【た行】	デネボラ………………36・40
春分の日………9・11・12・13	大気圧……………………→気圧	天気…………**85**・95・98・99
上弦の月………15・16・18	たい積岩………………61・62	春の天気………………98
上昇気流………………82・86	たい積作用……48・51・52・53	夏の天気………………99
しょう乳洞………………63	台風……………88・92・**93**	秋の天気………………99
上流……………………50・51・52	台風情報…………………92	冬の天気………………99
初期微動…………………72	台風の目…………………93	天気記号…………………92

天気図‥‥‥‥‥‥‥‥‥‥ **92**
天気の言い習わし‥‥‥‥‥‥‥
　　　　　　　　→観天望気
天球‥‥‥‥‥‥‥‥‥‥‥ 38
天気予報‥‥‥‥‥‥‥‥‥ **88**
転倒ます型雨量計‥‥‥‥‥ 80
天王星‥‥‥‥‥‥‥‥‥‥ 23
等圧線‥‥‥‥‥‥‥‥ 82・92
等級‥‥‥‥‥‥‥‥‥‥‥ 27
冬至の日‥‥‥ 9・11・12・13
土星‥‥‥‥‥‥‥‥‥ 23・**26**

【な行】
なぎ‥‥‥‥‥‥‥‥‥‥‥ 84
夏の大三角‥30・31・**32**・41
夏日‥‥‥‥‥‥‥‥‥‥‥ 88
南中‥‥‥‥‥‥‥‥‥‥‥ 10
南中高度‥‥‥‥‥‥‥ 11・18
南中時刻‥‥‥‥‥‥‥ 10・16
にじ‥‥‥‥‥‥‥‥‥‥‥ 95
日食‥‥‥‥‥‥‥‥‥ **20**・21
入道雲‥‥‥‥‥‥‥‥‥‥ 87
熱帯低気圧‥‥‥‥‥‥‥‥ 93
熱帯夜‥‥‥‥‥‥‥‥‥‥ 88
ねんばん岩‥‥‥‥‥‥‥‥ 62

【は行】
梅雨前線‥‥‥‥‥‥‥ 90・98
はくちょう座‥‥‥ **30**・32・41
ハマグリ‥‥‥‥‥‥‥‥‥ 64
春一番‥‥‥‥‥‥‥‥ 94・98
春の大三角‥‥‥‥‥‥ 36・40
晴れ‥‥‥‥‥ 85・92・95・99
はん晶‥‥‥‥‥‥‥‥‥‥ 69
はんれい岩‥‥‥‥‥‥‥‥ 69
PS時間‥‥‥‥‥‥‥‥‥‥
　　　　　　→初期微動けい続時間
P波‥‥‥‥‥‥‥‥‥‥‥ 72
日かげ曲線‥‥‥‥‥‥ 10・12
ビカリア‥‥‥‥‥‥‥‥‥ 65
彦星‥‥‥‥‥‥‥‥‥‥‥ 31
日付変更線‥‥‥‥‥‥‥‥ 7
ひつじ雲‥‥‥‥‥‥‥‥‥ 87
日の入り‥‥‥‥‥‥‥‥‥ 12
日の出‥‥‥‥‥‥‥‥‥‥ 12

ひまわり‥‥‥‥‥‥‥‥‥ 81
白夜‥‥‥‥‥‥‥‥‥ 13・47
百葉箱‥‥‥‥‥‥‥‥‥‥ 79
標準時子午線‥‥‥‥‥‥‥ 8
V字谷‥‥‥‥‥‥‥‥‥ **52**
風向‥‥‥‥‥‥‥‥‥ 83・92
風速‥‥‥‥‥‥‥‥83・93・98
風速計‥‥‥‥‥‥‥‥‥‥ 83
風力‥‥‥‥‥‥‥‥‥ 83・92
フェーン現象‥‥‥‥‥ **94**・98
普賢岳‥‥‥‥‥‥‥‥ 67・68
富士山‥‥‥‥‥‥‥‥ 67・68
フズリナ‥‥‥‥‥‥‥‥‥ 65
不整合‥‥‥‥‥‥‥‥‥ **59**
ふたご座‥‥‥‥‥‥‥ **35**・43
部分月食‥‥‥‥‥‥‥‥‥ 21
部分日食‥‥‥‥‥‥‥‥‥ 20
冬の大三角‥‥33・34・**36**・43
冬の大六角‥‥‥‥‥‥ 36・43
冬日‥‥‥‥‥‥‥‥‥‥‥ 88
プレート‥‥‥‥‥‥‥‥7・70
プロキオン‥‥‥‥ 34・36・43
プロミネンス‥‥‥‥‥‥‥ 20
ふん火‥‥‥‥‥‥‥‥‥‥ 66
ベガ‥‥‥‥‥‥‥‥31・32・41
ペガスス座‥‥‥‥‥‥ 36・42
ベテルギウス‥‥‥ 33・36・43
変成岩‥‥‥‥‥‥‥‥‥‥ 63
偏西風‥‥‥‥‥‥‥57・85・88
暴風域‥‥‥‥‥‥‥‥‥‥ 92
暴風警戒域‥‥‥‥‥‥‥‥ 92
飽和水蒸気量‥‥‥‥‥ 78・**97**
ボーリング‥‥‥‥‥‥ **58**・75
ボーリング試料‥‥‥‥‥‥ 58
北斗七星‥‥‥‥‥‥28・29・39
星の動き‥‥‥**38**・45・46・47
北極星‥‥‥‥28・**29**・30・37・
　　　　　　　　38・45・46・47
ポルックス‥‥‥‥ 35・36・43

【ま行】
マグニチュード‥‥‥‥‥‥ 71
マグマ‥‥‥‥‥‥‥66・67・69
マグマだまり‥‥‥‥‥‥‥ 66
真夏日‥‥‥‥‥‥‥‥‥‥ 88

真冬日‥‥‥‥‥‥‥‥‥‥ 88
満月‥‥‥15・17・18・21・27
マントル‥‥‥‥‥‥‥‥6・66
マンモス‥‥‥‥‥‥‥‥‥ 65
三日月‥‥‥‥‥‥‥‥ 15・16
三日月湖‥‥‥‥‥‥‥‥ **53**
水の循環‥‥‥‥‥‥‥‥ **96**
三宅島‥‥‥‥‥‥‥‥ 67・68
ミンタカ‥‥‥‥‥‥‥‥‥ 33
冥王星‥‥‥‥‥‥‥‥‥‥ 23
猛暑日‥‥‥‥‥‥‥‥‥‥ 88
木星‥‥‥‥‥‥‥‥‥ 23・**26**

【や行】
U字谷‥‥‥‥‥‥‥‥‥‥ 52
夕なぎ‥‥‥‥‥‥‥‥‥‥ 84
夕焼け‥‥‥‥‥‥‥‥‥‥ 95
雪‥‥‥‥‥‥ 85・88・92・96
よいの明星‥‥‥‥‥‥‥‥ 25
よう岩‥‥‥‥‥‥‥‥ 66・67
揚子江気団‥‥‥‥‥‥ 89・98
予報円‥‥‥‥‥‥‥‥‥‥ 92

【ら行】
ラニーニャ現象‥‥‥‥‥‥ 94
乱層雲‥‥‥‥‥‥‥‥ 87・90
リアス海岸‥‥‥‥‥‥‥‥ 55
陸風‥‥‥‥‥‥‥‥‥‥‥ 84
リゲル‥‥‥‥‥‥ 33・36・43
隆起‥‥‥‥‥55・56・59・74
流水のはたらき‥‥‥‥ **48**・56
流星‥‥‥‥‥‥‥‥‥‥‥ 22
流速‥‥‥‥‥‥‥‥‥ 48・51
流もん岩‥‥‥‥‥‥‥‥‥ 69
れき岩‥‥‥‥‥‥‥‥‥ **61**
レグルス‥‥‥‥‥‥‥ 36・40

【わ行】
輪‥‥‥‥‥‥‥‥‥‥‥‥ 26
惑星‥‥‥‥‥‥ 6・**22**・23・44
わし座‥‥‥‥‥‥ **31**・32・41
わた雲‥‥‥‥‥‥‥‥‥‥ 87

さくいん

> ❗入試問題では…答え
> P.19　問1　②→⑤→④→①→③→⑥　　問2　クレーター　　問3　イ
> P.33　1　ベテルギウス　　2　ウ
> P.39　①　ア　②　ア　③　エ　④　イ　⑤　ウ　⑥　ア　⑦　イ
> 　　　⑧　イ
> P.49　問1　ウ　　問2　ア
> P.57　水底の深さはしだいに深くなっていった。
> P.65　問1　ウ　　問2　ア　　問3　示準化石
> P.68　問1　ア・ウ・カ　　問2　あ　マグマ　　い　よう岩　　う　火山灰
> P.91　イ

103

写真提供

株式会社エデュケーショナルネットワーク
気象庁
東大英数理教室
フォト・オリジナル

Ｚ会中学受験シリーズ　入試に出る地球・宇宙図鑑

初版第 1 刷発行　　2012 年 3 月 10 日
　　第 3 刷発行　　2013 年 4 月 10 日

編者　　Ｚ会指導部
発行人　西村稔
発行所　株式会社Ｚ会
　　　　〒 411－0943　静岡県駿東郡長泉町下土狩 105－17
　　　　TEL（055）976－9095
　　　　http://www.zkai.co.jp/books/
印刷所　図書印刷株式会社

©Ｚ会　2012　無断で複写・複製することを禁じます
定価はカバーに表示してあります
乱丁・落丁本はお取り替えいたします
ISBN　978－4－86290－094－4